Sergio Fabbri
Mara Masini

QUANTUM
LABORATORIO

corso di Fisica per il primo biennio dei
Licei scientifici
Licei scientifici delle scienze applicate

SOCIETÀ EDITRICE INTERNAZIONALE - TORINO

07540

Coordinamento editoriale: Anna Maria Battaglini
Progetto editoriale e redazione: Claudia Marchis
Coordinamento tecnico: Michele Pomponio
Impaginazione: propagina - Torino
Disegni: Studio Balbo-Gozzelino
Coordinamento multimediale: Nicola Prinetti
Redazione multimediale: Francesca Gatto
Copertina: Piergiuseppe Anselmo

Prima edizione: 2015

Stampa: Vincenzo Bona S.p.A., Torino

Indice

1 La relazione di laboratorio, 1

1.1 Il materiale, 1 – 1.2 L'aspetto grafico, 1 – 1.3 L'impostazione, 1

2 Il grafico, 2

2.1 Costruzione di un grafico su carta millimetrata, 2 – 2.2 Come è fatto il foglio, 2 – 2.3 Scelta della scala, 3 – 2.4 Collocazione dei punti, 5 – 2.5 Lettura delle coordinate di un punto, 5 – 2.6 Intervalli di indeterminazione, 6

Schede di laboratorio, 7

Scheda Lab La densità, 7

Scheda Lab Le misure dirette, 9

Scheda Lab Serie di misure, 13

Scheda Lab Le misure indirette, 16

Scheda Lab La regola del parallelogramma, 19

Scheda Lab La molla e la legge di Hooke, 23

Scheda Lab L'attrito radente statico, 28

Scheda Lab Le leve, 30

Scheda Lab Il principio di Archimede, 32

Scheda Lab Il moto rettilineo uniforme, 36

Scheda Lab Il moto rettilineo uniformemente accelerato, 42

Scheda Lab L'accelerazione di gravità, 47

Scheda Lab Le proprietà del pendolo semplice, 50

Scheda Lab Il secondo principio della dinamica (relazione forza-accelerazione), 53

Scheda Lab Il secondo principio della dinamica (relazione massa-accelerazione), 57

Scheda Lab Il piano inclinato, 60

Scheda Lab Il lavoro e il teorema delle *forze vive*, 62

Scheda Lab La conservazione dell'energia meccanica, 65

Scheda Lab Dal termoscopio al termometro, 69

Scheda Lab La dilatazione termica lineare, 72

Scheda Lab Il calore specifico dei solidi, 77

Scheda Lab I cambiamenti di stato, 81

Scheda Lab La seconda legge della rifrazione, 84

Scheda Lab Le lenti convergenti, 86

La relazione di laboratorio

Nelle schede di laboratorio proposte trovi i consigli dettagliati relativi alle prove specifiche: oltre ai suggerimenti sulle azioni pratiche da compiere, ci sono anche indicazioni precise su ciò che devi riportare nella tua relazione. Vogliamo, tuttavia, offrirti alcuni chiarimenti di carattere generale.

1.1 Il materiale

Innanzi tutto, quando ti rechi nel laboratorio di fisica, devi accertarti *sempre* di disporre personalmente di:
- un foglio protocollo a quadretti (o eventualmente una scheda già impostata);
- un foglio di carta millimetrata (formato A4);
- riga e/o squadra;
- calcolatrice;
- comune materiale di cancelleria (penne, matite, gomme ecc.);
- quaderno di appunti e libro di testo per la consultazione.

1.2 L'aspetto grafico

Il foglio protocollo a quadretti o la scheda predisposta devono essere organizzati, al fine di agevolarne la correzione, in maniera tale da:
- evidenziare in modo chiaro le varie parti della relazione (intestazione, titolo, obiettivi ecc.), senza paura di lasciare spazi bianchi di separazione;
- seguire un'esposizione coerente e ordinata, evitando, salvo casi particolari, di invertire o sovrapporre fra loro i diversi momenti della prova sperimentale;
- allegare, quando necessario, il foglio di carta millimetrata, riportando anche lì nome e cognome e titolo della prova;
- lasciare dopo le conclusioni uno spazio sufficiente per il giudizio e la valutazione da parte del tuo insegnante.

1.3 L'impostazione

Quando, dopo aver completato il disegno o lo schema riguardanti il dispositivo utilizzato nell'esperimento, ti appresti a sintetizzare i contenuti teorici e a descrivere l'esecuzione della prova, devi assolutamente:
- evitare di effettuare digressioni eccessive o solo marginalmente collegate all'argomento della prova;
- evitare di dare per scontato che chi leggerà la relazione conosca l'argomento trattato, perché questo non ti aiuta a focalizzare gli aspetti di base e talvolta più importanti;
- evitare di scrivere una sorta di tema, soffermandoti su particolari superflui;
- evitare di usare la prima persona, ricorrendo di preferenza alla forma impersonale «noi» oppure «si»;
- evitare di perdere di vista l'obiettivo di partenza, in modo tale da stendere una relazione omogenea e organica, anziché una somma di parti tra loro scollegate e collegate casualmente;
- cercare di prestare attenzione alle scelte tecniche effettuate, che sono sempre ben precise e strettamente connesse con l'obiettivo da perseguire;
- mostrare, attraverso un'analisi accurata dei risultati ottenuti, di aver maturato una piena consapevolezza dell'esperimento eseguito nella sua globalità.

Ricorda che il fatto che i risultati sperimentali non siano soddisfacenti, non significa che anche la tua relazione debba essere negativa (puoi comunque dimostrare di aver imparato finalità e procedimento corretti della prova, sapendo valutare criticamente qualunque tipo di risultato, anche se non è in sintonia con gli obiettivi prefissati).

Il grafico

2.1 Costruzione di un grafico su carta millimetrata

Spesso dovrai elaborare dei grafici a partire dai dati sperimentali relativi alla prova eseguita in laboratorio.
Perciò, ti diamo qui delle indicazioni per aiutarti ad affrontare le seguenti situazioni:

1) hai una coppia di valori numerici, come per esempio (3; –2), e devi disegnare il punto corrispondente in un piano cartesiano;
2) hai un punto in un particolare piano cartesiano e devi individuare i valori numerici a esso corrispondenti.

Il materiale necessario è costituito dal foglio di carta millimetrata, dalla riga o da una squadra sufficientemente lunghe, dalla matita (perché le linee non vanno tracciate a penna o altro per evitare di dover rifare tutto in caso di errore).

Ti consigliamo di riportare man mano le nostre istruzioni su un foglio di carta millimetrata, in quanto così metterai in pratica direttamente tutte le varie fasi della costruzione grafica e potrai confrontare i tuoi risultati con la figura 2 a pagina 4, che riassume l'intera sequenza.

2.2 Com'è fatto il foglio

Ti ricordiamo che il foglio di carta millimetrata è suddiviso in quadrettini da 1 mm di lato, quindi 1 mm^2 di superficie (fig. 1).

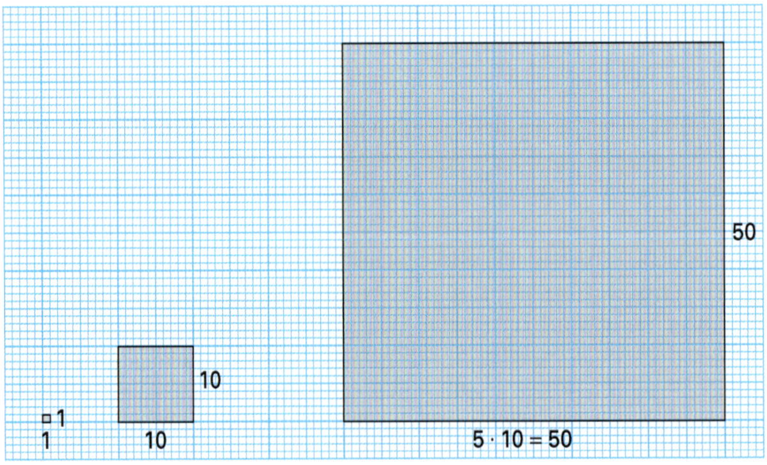

Figura 1

Linee di spessore leggermente maggiore servono per indicare quadretti da 10 mm (che equivalgono a 1 cm) di lato, utili per agevolare il conteggio dei quadrettini con lato 1 mm. Talvolta, per mezzo di linee ancora più spesse o con trattini a margine, sono indicati anche raggruppamenti costituiti da 5 quadretti grandi da 10 mm di lato.

2.3 Scelta della scala

Anziché trattare l'argomento in modo generale, partiamo direttamente da un'ipotetica tabella di dati riguardanti i valori e le incertezze di due grandezze fisiche quali lo spazio *s* e il tempo *t*.

Tabella 1

	s (cm)	Δ*x*(*s*) (cm)	*t* (s)	Δ*x*(*t*) (s)
1	21,4	0,1	0,24	0,02
2	42,8	0,1	0,46	0,02
3	64,2	0,1	0,70	0,02
4	85,5	0,1	0,92	0,02

a) La prima cosa che devi fare è, ovviamente, disegnare i due assi cartesiani.

- L'*asse delle ascisse* (asse *x*) è utilizzato solitamente per la variabile indipendente, cioè quella che può variare senza dipendere da altre grandezze. In questo esempio, la variabile indipendente è il tempo *t*, le cui variazioni non sono infatti legate allo spostamento eventuale di un determinato corpo. Dopo il simbolo della grandezza scrivi tra parentesi la sua unità di misura: ***t* (s)**.
- L'*asse delle ordinate* (asse *y*), a sua volta è destinato alla variabile dipendente, quella grandezza che si modifica in conseguenza del variare della prima. Nel nostro caso si tratta dello spazio *s*. Dopo il simbolo della grandezza scrivi tra parentesi la sua unità di misura: ***s* (cm)**.
- L'intersezione tra i due assi cartesiani viene chiamata origine *O*, le cui coordinate sono $t = 0$ s e $s = 0$ cm, per cui la si riporta anche come ***O* (0; 0)**.

b) Quindi, devi scegliere su entrambi gli assi cartesiani la *scala*, vale a dire devi stabilire, sia in senso orizzontale sia in senso verticale, quanto vale l'*unità di riferimento* costituita dal millimetro del quadretto (quello più piccolo).

- Le due scale, orizzontale e verticale, sono scelte arbitrariamente e indipendentemente l'una dall'altra, nel senso che il valore corrispondente a 1 mm sull'asse delle ascisse non deve di per sé vincolare il valore numerico relativo a 1 mm preso sull'asse delle ordinate. E questo per due motivi: le due grandezze fisiche in gioco disposte nei due assi sono quasi sempre di natura diversa; inoltre, la filosofia di base da seguire è quella di **riempire il foglio con il disegno del grafico il più estesamente possibile**. In definitiva, devi evitare di tracciare il grafico in una porzione del foglio minima o ridotta, cosa che accade se non scegli oculatamente la scala (vedi i punti successivi).
- Considerati i dati di cui disponiamo (quelli della tab. 1), è conveniente scegliere 1,00 s come valore massimo del tempo *t* sull'asse *x*, posizionandolo il più a destra possibile, e 100 cm come valore massimo dello spazio *s* sull'asse *y*, posizionandolo il più in alto possibile (fig. 2).

c) Dopodiché, per sapere quale valore viene associato a 1 mm del lato del quadrettino relativo all'asse del tempo (orizzontale), che indichiamo con il simbolo $u(t)$, devi fare due cose molto semplici:

- contare il numero $N(t)$ dei quadrettini da 1 mm che ci sono fra l'origine *O* e 1,00 s;
- dividere il valore massimo $t_{max} = 1{,}00$ s per il numero di quadrettini $N(t)$ contati prima:

$$u(t) = \frac{\text{valore massimo posizionato sull'asse}}{\text{numero complessivo di quadrettini}} = \frac{t_{max}}{N(t)}$$

Nel caso di figura 2, trovi:

$$u(t) = \frac{t_{max}}{N(t)} = \frac{1{,}00}{100} = 0{,}01\ \text{s}$$

Perciò 1 mm sull'asse orizzontale in questo caso rappresenta 0,01 s.

d) Ripeti le operazioni del punto precedente, misurando stavolta l'intervallo di tempo di 10 oscillazioni complete.

e) Alla fine avrai le due misure:

t_1 = (.......... ± ....) .... t_2 = (.......... ± ....) ....

La parte operativa della prova è in tal modo conclusa.

6 Raccolta dei dati

Si tratta di trascrivere i dati raccolti, cosa che in realtà hai già fatto. Tuttavia, quando è possibile si preferisce ordinarli in una tabella. In questo caso ti suggeriamo di organizzare la seguente tabella, nella quale per ora puoi compilare solo le colonne 2 e 3.

Tabella 1

1 grandezza	2 x_M (valore misurato)	3 Δx (incertezza)	4 ε_r (errore relativo)
α (°)			
β (°)			
b (cm)			
h (cm)			
t_1 (s)			
t_2 (s)			

7 Elaborazione

Terminata la fase esecutiva, sulla base degli obiettivi fissati inizialmente, dobbiamo passare ai calcoli opportuni. In particolare si tratta di determinare gli errori relativi. I calcoli sono in realtà semplici, in quanto basterà dividere le incertezze (ovvero gli errori di sensibilità) per i corrispondenti valori delle misure. Ricordati che il pedice *M* sta per «misurato» ed è riferito al valore della grandezza:

angolo α: $\varepsilon_r(\alpha) = \Delta x(\alpha)/\alpha_M$ = ... lunghezza *h*: $\varepsilon_r(h) = \Delta x(h)/h_M$ = ...

angolo β: $\varepsilon_r(\beta) = \Delta x(\beta)/\beta_M$ = ... tempo t_1: $\varepsilon_r(t_1) = \Delta x(t_1)/t_{1M}$ = ...

lunghezza *b*: $\varepsilon_r(b) = \Delta x(b)/b_M$ = ... tempo t_2: $\varepsilon_r(t_2) = \Delta x(t_2)/t_{2M}$ = ...

Per ogni errore relativo, riportane in tabella il risultato con almeno tre cifre significative (ricorri alla quarta solo nel caso in cui i valori arrotondati apparissero uguali).

8 Analisi dei risultati e conclusioni

Alla fine, una volta elaborati i dati, bisogna trarre le *conclusioni* in relazione agli obiettivi prefissati.
Nella nostra prova vogliamo determinare la misura più precisa. Quindi, una volta osservati i risultati e individuato il valore minore dell'errore relativo, che identifica la misura più precisa, scriverai, per esempio: «I valori trovati per gli errori relativi sono attendibili, in quanto sono tutti più piccoli di 1, così come deve essere, trattandosi del rapporto tra l'incertezza e il valore della misura.
La misura più precisa è la ..., cioè:

.... = (.......... ± ....) ....

in quanto è quella che ha l'errore relativo minore».

Così, la prova e la corrispondente relazione sono terminate!

SCHEDA LAB

Serie di misure

PREREQUISITI

Per affrontare la prova devi sapere:

- Come si scrive una misura
- Che cos'è l'errore relativo
- Come si elabora una serie di misure

1 Titolo

Il titolo della relazione, che analizza una serie di misure del periodo di un pendolo semplice, è: **Serie di misure**.

2 Obiettivo

L'obiettivo principale è ricavare una serie di misure relativa al periodo T di un pendolo semplice ed elaborarla, calcolandone il valore medio e l'errore massimo, giungendo infine alla scrittura della misura di T.

3a Schema e/o disegno

Nella figura 1 è riprodotto schematicamente un pendolo semplice.

3b Materiale e strumenti

Il materiale utilizzato è il seguente:

- asta di supporto e morsetti;
- pendolo semplice;
- asta millimetrata;
- cronometro al centesimo di secondo.

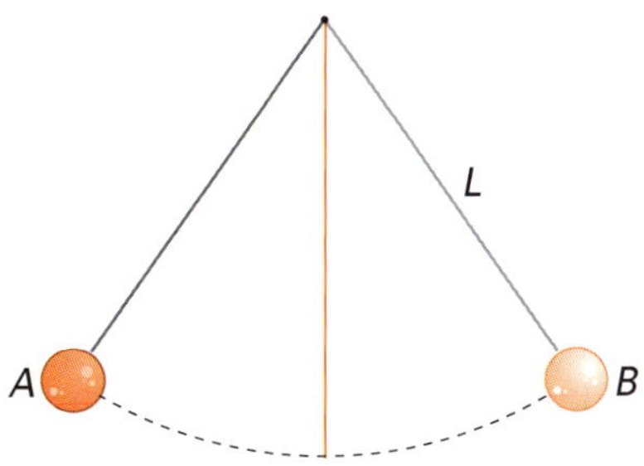

Figura 1

4 Contenuti teorici

Gli elementi teorici, che puoi riassumere, cercando di dare all'esposizione un taglio sintetico e personale, sono quelli relativi alle serie di misure, con puntualizzazione del significato del valore medio e dell'errore massimo.

5 Descrizione della prova

Per quanto riguarda le modalità di utilizzo del cronometro e la determinazione del periodo del pendolo semplice, facciamo riferimento alla scheda "Le misure dirette". L'unica differenza è che questa volta la misurazione di T sarà ripetuta più volte, in modo tale da procedere poi all'elaborazione della serie di misure trovata.

Ecco le istruzioni da seguire.

a) Procedi al montaggio del *pendolo semplice*.

b) Rileva la lunghezza L del filo (fig. 1) con l'asta millimetrata e scrivi correttamente la sua misura prima della tabella 1 al punto 6.

c) Misura il tempo t di 5 oscillazioni complete del pendolo semplice, riportando il suo valore nella colonna 1 della tabella 1 e l'incertezza, cioè l'errore di sensibilità del cronometro, $\Delta x(t)$ nella colonna 2.

d) Ripeti la misurazione del tempo t (relativo a 5 oscillazioni complete del pendolo semplice) almeno altre 9 volte, in modo tale da avere una serie di 10 misure da riportare nella colonna 1 della tabella 1.

Per quanto tu possa cercare di effettuare scrupolosamente le misure, i risultati da te ottenuti saranno significativamente differenti gli uni dagli altri (per lo meno ben oltre i due millesimi di incertezza della singola misura): non può essere altrimenti. Nota che non c'è bisogno, usando lo stesso cronometro, di ricalcolare ogni volta l'incertezza di t. Tuttavia, è bene che nella tabella la riporti sempre.

6 Raccolta dei dati

I dati relativi al pendolo semplice li puoi ordinare come segue.

L = (........ ± ....) ....

Tabella 1

1	2	3	4
t (s)	Δx (t)	T (s)	Δx (T)
11,24	0,01	2,248	0,002
...	...	...	...
...	...	...	...
...	...	...	...
...	...	...	...
...	...	...	...
...	...	...	...
...	...	...	...
...	...	...	...

7 Elaborazione

Nella colonna 3 della tabella 1 dovrai riportare dividendoli per 5 i valori di t che si trovano nella colonna 1, al fine di ottenere il periodo T del pendolo, vale a dire l'intervallo di tempo di una sola oscillazione.

Per quanto riguarda l'incertezza di T, essa sarà data da $\Delta x(t)$ diviso per il numero totale delle oscillazioni e va a occupare le celle della colonna 4.

Se, per esempio, facendo ricorso a un cronometro al centesimo di secondo, per cui $\Delta x(t) = 0{,}01$ s, trovi che il tempo complessivo di 5 oscillazioni vale $t_1 = 11{,}24$ s, avrai allora come valore del periodo T_1:

$$T_1 = \frac{t_1}{5} = \frac{11{,}24}{5} = 2{,}248 \text{ s}$$

e, per la corrispondente incertezza:

$$\Delta x(T) = \frac{\Delta x(t)}{5} = \frac{0{,}01}{5} = 0{,}002 \text{ s}$$

Questo perché in teoria l'errore di sensibilità (0,01 s) si distribuisce su tutte e cinque le oscillazioni complete. Ma ti sembra plausibile che si abbia un'incertezza davvero così piccola (due millesimi di secondo!) per la singola misura? Riflettendo sul procedimento piuttosto approssimativo che hai dovuto seguire per determinare il periodo T, facendo partire e arrestando il cronometro *a occhio*, constaterai che il risultato finale, ottenuto dopo avere elaborato la serie di misure, sarà notevolmente diverso, con un intervallo di indeterminazione ben più ampio.

Una volta completata la tabella 1 con i valori del periodo T, ottenuto dividendo per 5 i tempi complessivi t, si tratterà di calcolare il valore medio relativo ai dati della colonna 3 e il corrispondente errore massimo:

$$T_M = \frac{T_1 + T_2 + T_3 + T_4 + T_5}{5} = \ldots\ldots \qquad \Delta x(T) = \frac{T_{max} - T_{min}}{2} = \ldots\ldots$$

Dopo avere arrotondato, se necessario, l'errore massimo (per eccesso alla prima cifra significativa) e il valore medio (fino alla cifra corrispondente a quella che rappresenta l'errore massimo), scrivi la misura del periodo T del pendolo semplice:

$$T = (\ldots\ldots \pm \ldots\ldots)\ \ldots\ldots$$

che porrai bene in evidenza.

8 Analisi dei risultati e conclusioni

In questa relazione, a causa della tipologia della prova nella quale mancano dei riferimenti con cui confrontare i risultati raggiunti, le conclusioni sono limitate.
Per la serie di misure relativa al periodo T, puoi cercare di valutare l'entità dell'errore massimo in rapporto all'incertezza delle singole misure, commentandone la discrepanza.

SCHEDA LAB

Le misure indirette

PREREQUISITI

Per affrontare la prova devi sapere:

- ► Come si scrive una misura
- ► Che cos'è l'errore relativo
- ► Leggi di propagazione degli errori

1 Titolo

Dato che la prova riguarda l'uso del calibro per determinare una misura indiretta, il volume di un parallelepipedo, il titolo è: **Misure indirette**.

2 Obiettivi

Gli obiettivi principali sono:

a) imparare a utilizzare il calibro;

b) calcolare il volume V di un solido regolare (un parallelepipedo) e l'incertezza corrispondente tramite le leggi di propagazione degli errori.

3a Schema e/o disegno

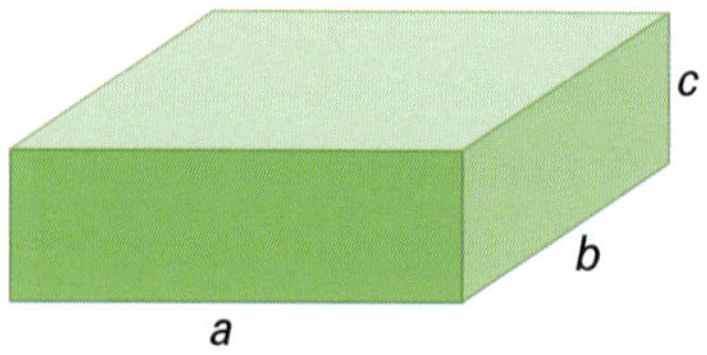

Figura 1

3b Materiale e strumenti

Il materiale utilizzato è il seguente:

- solidi di forma regolare (parallelepipedi);
- calibro ventesimale.

4 Contenuti teorici

I contenuti teorici riguardano le caratteristiche principali del *calibro* (per le quali dovrai fare riferimento a quanto ti verrà presentato qui di seguito), le misure indirette e le leggi di propagazione degli errori.

Funzionamento del calibro

Passiamo adesso a una rapida spiegazione del funzionamento del **calibro** (fig. 2).
La parte mobile del calibro è chiamata **nonio**. Grazie a essa è possibile riuscire a portare l'errore di sensibilità dello strumento fino a un ventesimo di millimetro: $\Delta x = 0{,}05$ mm. (Infatti, $\frac{1}{20}$ di mm corrisponde a 0,05 mm).
Puoi notare che, chiudendo il calibro, vale a dire allineando lo zero del nonio con lo zero della scala principale, le venti divisioni del nonio coprono 39 mm, anziché 40 mm. Questo vuol dire che la divisione che si trova fra 0 e 1 nel nonio risulta spostata all'indietro di $\frac{1}{20}$ di millimetro rispetto alla divisione della scala principale subito sopra di essa.
Le due divisioni sembrano sovrapposte, ma non lo sono: se guardi le tacche successive, gli scostamenti (che sono di $\frac{2}{20}$ di mm, $\frac{3}{20}$ di mm ecc.) cominciano a notarsi meglio.
Come si fa una lettura sul calibro? Sempre con riferimento alla figura 2, si va a leggere su quale valore nella scala principale si è posizionato lo zero del nonio. Nel nostro caso, più di **20 mm**: quindi il valore della misura sarà qualcosa del tipo **20,... mm**. Come facciamo a capire quale frazione di millimetro aggiungere? È semplice. Andiamo a rilevare quale divisione del nonio si sovrappone esattamente a una delle divisioni sulla scala principale. In figura, questo accade per la tacca del nonio con valore 3. Dunque la misurazione sarà:

$$L = (20{,}30 \pm 0{,}05)\ \text{mm}$$

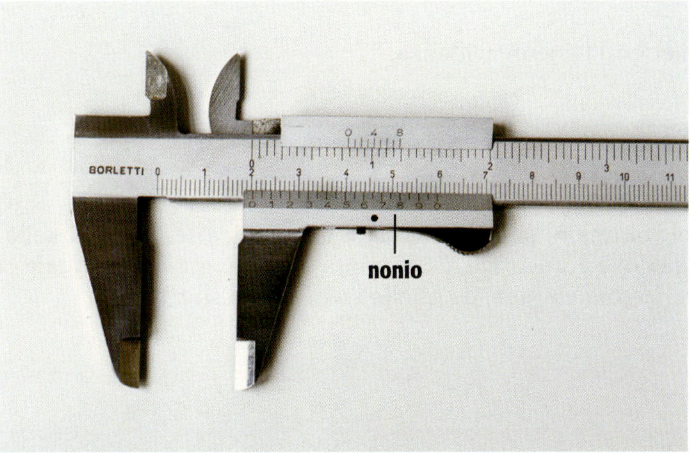

Figura 2

5 Descrizione della prova

Dopo aver misurato con il calibro ventesimale i tre spigoli di un parallelepipedo, ne calcolerai il volume e il corrispondente errore di propagazione.
Prima di passare però a effettuare le misurazioni relative ai tre spigoli del parallelepipedo che ti è stato consegnato, ti conviene fare delle prove, mettendo il nonio del calibro in posizioni casuali (vedi ***help 1***).
Sottoponi quindi la tua lettura alla verifica del docente o di un compagno.
Esegui la misurazione degli spigoli del parallelepipedo, riportando le misure delle tre lunghezze a, b e c in modo completo, cioè come quella di L nell'esempio precedente, e scrivendole chiaramente al punto 6.

6 Raccolta dei dati

Dati relativi al solido regolare:

a = (........ ± ....) .... b = (........ ± ....) .... c = (........ ± ....) ....

7 Elaborazione

Per quanto riguarda la misura del volume del solido:

- Calcola il volume:

$$V_M = a_M \cdot b_M \cdot c_M = \ldots\ldots$$

- Calcola gli errori relativi dei tre spigoli:

$$\varepsilon_r(a) = \frac{\Delta x(a)}{a_M} = \ldots\ldots \qquad \varepsilon_r(b) = \frac{\Delta x(b)}{b_M} = \ldots\ldots \qquad \varepsilon_r(c) = \frac{\Delta x(c)}{c_M} = \ldots\ldots$$

- Trova l'errore relativo del volume, utilizzando la legge di propagazione degli errori per il prodotto:

$$\varepsilon_r(V) = \varepsilon_r(a) + \varepsilon_r(b) + \varepsilon_r(c) = \ldots\ldots$$

- Determina l'incertezza del volume con la formula inversa:

$$\Delta x(V) = \varepsilon_r(V) \cdot V_M = \ldots\ldots$$

- Arrotonda l'incertezza e quindi il valore della grandezza e scrivi, se è il caso cambiando unità di misura (portandoti da mm^3 a cm^3):

$$V = (\ldots\ldots \pm \ldots\ldots)\ \ldots\ldots$$

Anche tale risultato lo metterai bene in evidenza.

8 Analisi dei risultati e conclusioni

Per la misura indiretta del volume V, puoi paragonare la sua incertezza con quelle di partenza relative agli spigoli del parallelepipedo: è aumentata, è diventata cioè più grave? Da quale errore di sensibilità è stato maggiormente influenzato il volume, da quello su a, su b o su c?

help 1

Se per caso hai dei dubbi, controlla le divisioni immediatamente a sinistra e a destra di quella che hai scelto tu. Se la lettura è corretta, vedrai la divisione di sinistra del nonio leggermente avanti rispetto alla divisione più vicina nella scala principale e quella di destra del nonio leggermente indietro rispetto alla divisione più vicina nella scala principale.

SCHEDA LAB

La regola del parallelogramma

PREREQUISITI

Per affrontare la prova devi sapere:

- Definizione di vettore
- Regola del parallelogramma
- Come si utilizza un dinamometro
- Unità di misura della forza

1 Titolo

Il titolo di questa relazione, che riguarda un aspetto fondamentale delle grandezze vettoriali è: **Verifica del carattere vettoriale delle forze**.

2 Obiettivi

Lo scopo essenziale è quello di verificare che due vettori (forze) componendosi fra loro in una somma determinano un vettore risultante del quale modulo, direzione e verso sono definiti mediante la cosiddetta **regola del parallelogramma**.

3a Schema e/o disegno

Il dispositivo standard è quello rappresentato in figura 1.

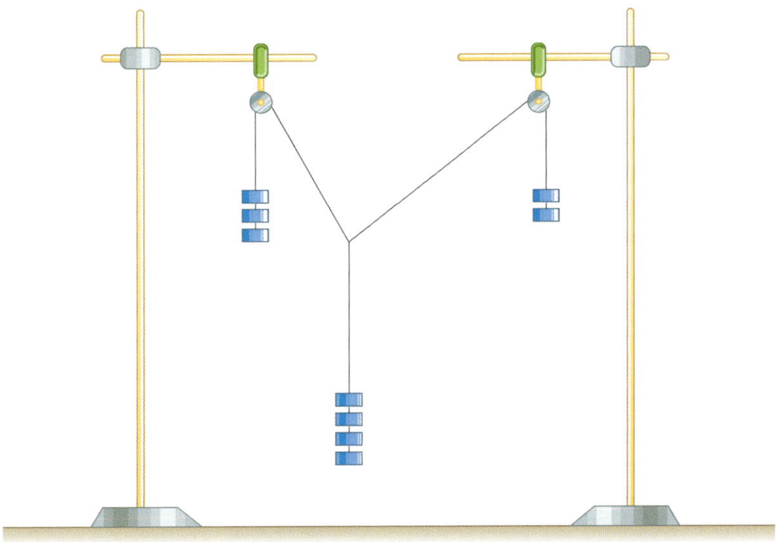

Figura 1

3b Materiale e strumenti

Il materiale utilizzato è il seguente:
- aste di supporto;
- carrucole;
- piano verticale;
- filo;
- pesetti;
- dinamometro;
- goniometro.

Il materiale or ora descritto può essere nei primi tre elementi sostituito con un disco verticale dotato di carrucole mobili poste ai bordi oppure con il tavolino di Varignon a configurazione orizzontale, come rappresentato in figura 2. Lo svolgimento della prova comunque non cambia.

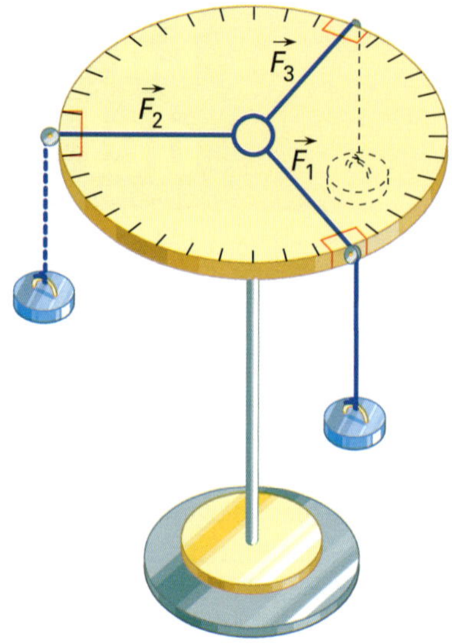

Figura 2

4 Contenuti teorici

Qui puoi riassumere le caratteristiche fondamentali dei vettori, ciò che li contraddistingue dalle grandezze scalari, soffermandoti in particolare su come si effettua la somma tra due o più vettori. Quindi, con riferimento alle forze, puoi suggerire per quali motivi esse inducano il sospetto di essere dei vettori, da cui il tentativo di vedere se ubbidiscono o no alla regola del parallelogramma.

5 Descrizione della prova

Per realizzare il nostro obiettivo, vedremo se due forze $\vec{F_1}$ ed $\vec{F_2}$, dirette in modo tale da formare fra loro un certo angolo α, vengono equilibrate da una forza $\vec{F_3}$ agente dalla parte opposta rispetto all'angolo α (fig. 3). Se questo accade, vuol dire che $\vec{F_1}$ ed $\vec{F_2}$ si compongono in modo tale da formare una risultante $\vec{F}_{TOT}$ uguale e opposta per le condizioni di equilibrio alla $\vec{F_3}$, che annulla la $\vec{F_3}$. Se allora, ribaltando quest'ultima (indicando con $-\vec{F_3}$ tale vettore) e componendo $\vec{F_1}$ ed $\vec{F_2}$ secondo la regola del parallelogramma in modo da individuare $\vec{F}_{TOT}$, troviamo che entro i limiti sperimentali $\vec{F}_{TOT}$ ed $-\vec{F_3}$ si sovrappongono, avremo dimostrato che le forze sono dei vettori che ubbidiscono alla regola del parallelogramma. Realizziamo le forze $\vec{F_1}$, $\vec{F_2}$ ed $\vec{F_3}$ tramite dei pesi opportuni.

Iniziamo l'esecuzione della prova.

a) Monta i supporti necessari per posizionare le carrucole, come illustrato in figura 1.

b) Lega l'estremità di un filo al centro di un secondo filo e fai tre occhielli alle tre estremità libere.

c) Appendi i pesetti negli occhielli, che saranno in numero inferiore nei due fili laterali e superiore in quello centrale.

d) Poiché non è detto che, con i pesetti a disposizione e in una determinata posizione delle carrucole, trovi facilmente l'equilibrio fra le tre forze, dovrai regolare il numero dei pesetti e la posizione reciproca delle carrucole in modo tale che alla fine il sistema di pesi resti immobile.

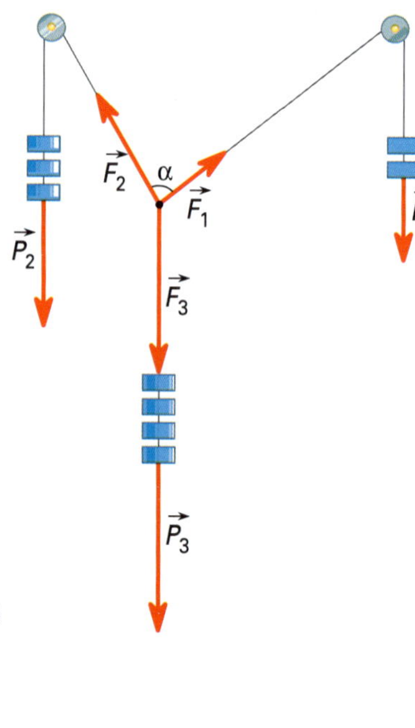

Figura 3

Grazie ai fili e alle carrucole, la direzione dei pesi laterali verticali viene modificata, per cui le due forze $\vec{F_1}$ ed $\vec{F_2}$ saranno disposte come riportato in figura 4.

e) A questo punto disponi dietro il supporto un piano verticale con un foglio di carta millimetrata fissata con delle puntine da disegno.

f) Su questo foglio, aiutandoti con le squadre, traccia il punto centrale di applicazione delle tre forze e la direzione dei tre vettori.

(Se l'ultima operazione non è di agevole realizzazione, una volta segnato a matita il punto di concorrenza centrale, ti basterà tracciare il più possibile lontano da esso almeno un altro punto per ognuna delle tre rette d'azione e quindi controllare, scostandoti dal foglio, l'allineamento dei punti con la direzione delle forze determinata dai fili).

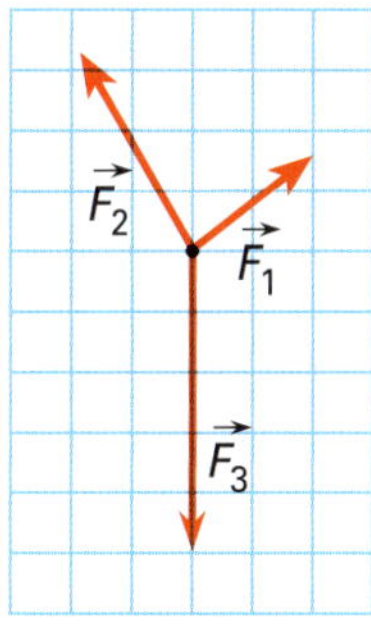

Figura 4

g) Misura i valori della forza peso dei vari gruppi di pesetti tramite il dinamometro e riportali ordinatamente come indicato al paragrafo successivo.

In questo modo la fase propriamente sperimentale è conclusa e puoi passare all'elaborazione di quanto hai raccolto. (Se hai tempo, puoi verificare che, disponendo i pesetti in maniera tale che il rapporto $F_1/F_2/F_3$ rispetti la proporzione 3/4/5, l'angolo tra le forze $\vec{F_1}$ ed $\vec{F_2}$ è di 90°).

6 Raccolta dei dati

Scriverai semplicemente, ricordandoti come vanno riportati i risultati delle misurazioni:

F_1 = (........ ± ....) .... F_2 = (........ ± ....) .... F_3 = (........ ± ....) ....

7 Elaborazione

A causa della relativa difficoltà di uno sviluppo completo e rigoroso nell'elaborazione matematica dei dati, in questa sede opteremo per un approccio puramente grafico al problema, senza tuttavia perdere in efficacia e comprensione delle finalità della prova.

Il grafico

Tracciate le tre rette rappresentanti le tre direzioni delle forze, devi riportare in scala, a partire dal comune punto O di applicazione, i valori dei tre moduli delle forze, in modo da rappresentare coerentemente sul foglio i tre vettori.
Supponiamo che per una delle forze abbiamo misurato il modulo $F_1 = (0{,}50 \pm 0{,}02)$ N. A ogni millimetro della carta devi attribuire un valore in newton, in modo tale da capire con quanti millimetri occorre rappresentare il modulo della forza e la sua incertezza. Effettua vari tentativi, affinché il disegno occupi il più possibile lo spazio del foglio. Se, per esempio, scegli la corrispondenza:

$$1 \text{ mm} \Rightarrow 0{,}004 \text{ N}$$

avrai:

$$F_1 \Rightarrow \frac{0{,}50}{0{,}004} = 125 \text{ mm}$$

In definitiva il modulo di $\vec{F_1}$ deve essere lungo 125 mm. Lo stesso procedimento si applica per le altre due forze $\vec{F_2}$ ed $\vec{F_3}$. Dopodiché, tracci il vettore $-\vec{F_3}$ opposto a $\vec{F_3}$ e sommi $\vec{F_1}$ ed $\vec{F_2}$ vettorialmente, cioè secondo la regola del parallelogramma, individuando così $\vec{F}_{TOT}$ (fig. 5).

(Per una valutazione approssimativa delle incertezze, puoi leggere l'***help 1*** che segue).

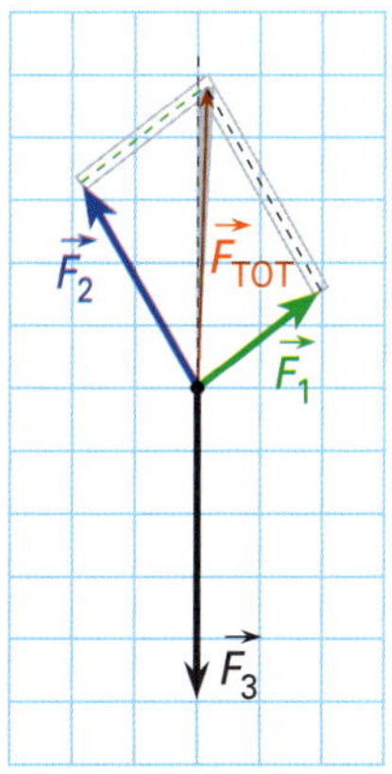

Figura 5

8 Analisi dei risultati e conclusioni

Se non hai tenuto conto per niente delle incertezze, dirai che la verifica ha avuto successo o meno a seconda della vicinanza fra la forza $-\vec{F}_3$ e la risultante $\vec{F}_{TOT}$. Nell'eventualità che i due vettori non siano sovrapposti, puoi valutare con il goniometro il valore dell'angolo tra $-\vec{F}_3$ ed $\vec{F}_{TOT}$, che dovrà essere di pochi gradi. Tieni presente che lo scostamento sarà tanto più evidente, quanto più esteso sarà il tuo disegno.
I fattori che possono avere condizionato la prova sono:

- errori nella determinazione delle direzioni delle tre forze (errori di parallasse dovuti alla distanza del filo dal piano del foglio);
- fenomeni di attrito in corrispondenza delle carrucole;
- ...

Se, al contrario, hai preso in considerazione l'incertezza sulle forze, la prova risulterà soddisfacente nel caso in cui $-\vec{F}_3$ cade dentro l'area di fluttuazione di $\vec{F}_{TOT}$. Non dimenticare, comunque, che abbiamo trascurato le incertezze sugli angoli.

help 1

Un modo per tener conto in qualche modo delle incertezze nelle misure consiste nel rappresentare graficamente anche gli intervalli di indeterminazione dei moduli delle forze. Analogamente a prima:

$$\Delta x(F_1) \Rightarrow \frac{0,02}{0,004} = 5 \text{ mm}$$

Combinando il valore più piccolo $\vec{F}_1$ con il più grande di $\vec{F}_2$, trovi il vettore $\vec{F}_{TOT}$ più a sinistra; e viceversa per il vettore $\vec{F}_{TOT}$ più a destra (vedi area evidenziata nella fig. 5).

SCHEDA LAB

La molla e la legge di Hooke

PREREQUISITI

Per affrontare la prova devi sapere:

- ▶ Definizione di forza
- ▶ Unità di misura della forza
- ▶ Che cos'è il dinamometro
- ▶ Come si rappresenta la legge di Hooke nel grafico forza-allungamento
- ▶ Che cos'è la costante elastica di una molla

1 Titolo

Il titolo di questa relazione, che riguarda una prova finalizzata alla conferma della legge nota a priori del comportamento elastico di una molla, è: **Verifica della legge di Hooke**.

2 Obiettivi

Lo scopo essenziale è:
- capire come si comporta una molla sottoposta a una forza esterna, cioè determinarne la costante elastica.

Inoltre, vogliamo anche:
- verificare esplicitamente la diretta proporzionalità tra forza applicata e allungamento;
- posizionare nel grafico forza-allungamento i punti sperimentali;
- tracciare la retta rappresentativa della legge di Hooke.

3a Schema e/o disegno

Il dispositivo standard è quello illustrato in figura 1.

3b Materiale e strumenti

Il materiale utilizzato è il seguente (fig. 1):
- asta di supporto;
- molla;
- asta millimetrata;
- pesetti;
- dinamometro o bilancia.

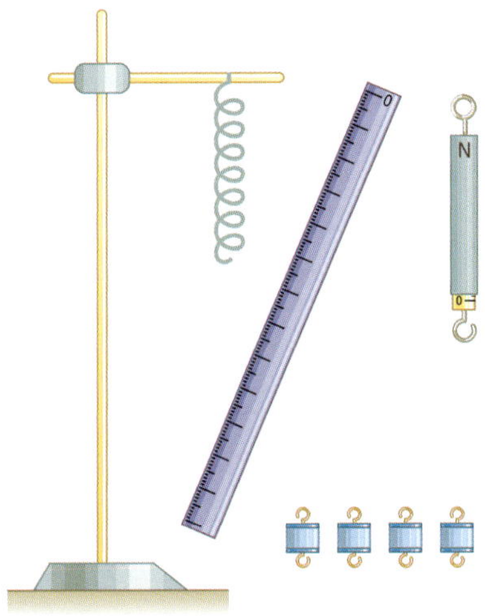

Figura 1

4 Contenuti teorici

Le conoscenze teoriche che devi mettere a punto sono nello specifico la definizione, la misurazione e l'unità di misura della forza, l'andamento del grafico forza-allungamento per una molla che si comporti in modo elastico e, ovviamente, l'enunciato e l'interpretazione della legge di Hooke, con particolare riferimento alla diretta proporzionalità.

5 Descrizione della prova

A questo punto devi ripercorrere in maniera sintetica le varie tappe operative che ti hanno portato al completamento della prova, nella cui esecuzione ci accingiamo a guidarti punto per punto.
In generale, per l'esecuzione di questa prova sperimentale si ha a disposizione il materiale per ciascun gruppo di lavoro, per cui in ogni tavolo gli studenti possono operare autonomamente. Nella fase esecutiva è opportuno che tu e i tuoi compagni vi alterniate nei vari compiti, ripetendo magari più volte una stessa misurazione, in modo tale che ognuno prenda confidenza con tutti gli aspetti della prova.

Iniziamo l'esecuzione della prova.

a) Monta il supporto necessario (come in figura 1) e appendi la molla.

b) Posiziona l'asta millimetrata verticalmente e regola l'altezza della molla in modo tale che lo zero coincida con l'estremo superiore fisso della molla.

c) Misura la lunghezza a riposo L_0 della molla, leggendo il valore sull'asta millimetrata in corrispondenza dell'estremo inferiore (fig. 2).

Le forze applicate sono originate dai pesi di corpi solidi fra loro uguali (pesetti): in questo modo le possiamo misurare e modificare a piacere.

d) Prendi uno dei pesetti a disposizione e appendilo alla molla, accompagnandolo verso il basso fino alla posizione di equilibrio, senza cioè lasciarlo andare bruscamente.

e) Una volta lasciato il peso e aspettato che la molla termini le eventuali oscillazioni verticali, passa a misurare la nuova lunghezza della molla L_1 (o la nuova posizione nell'asta millimetrata, a seconda della scelta fatta), con riferimento evidentemente all'estremo inferiore della molla e non del pesetto (fig. 3).

f) Ripeti la misurazione tante volte quanti sono i pesetti in dotazione (in genere da sei a otto), compilando la colonna 2 della tabella 1 riportata nella pagina seguente.

g) Misura la forza applicata man mano alla molla tramite i pesetti adoperati: ti basterà appendere sull'asta di supporto al posto della molla il dinamometro (fig. 4), azzerarlo (posizionando la parte mobile in modo tale che si trovi in corrispondenza dello zero), agganciare prima un solo pesetto, poi due, e così via, rilevarne la misura e riportare i valori nella colonna 5 della tabella 1.

h) Nella colonna 6 riporta l'errore di sensibilità del dinamometro (l'incertezza delle forze applicate).

In alternativa, puoi avere a disposizione invece una bilancia per la misurazione delle masse dei pesetti. In tal caso, dopo avere determinato le masse di uno, due, tre ecc. pesetti, dovrai individuare le forze, calcolando i rispettivi pesi così come indicato nella rubrica ***help 1*** che trovi in fondo alla scheda.

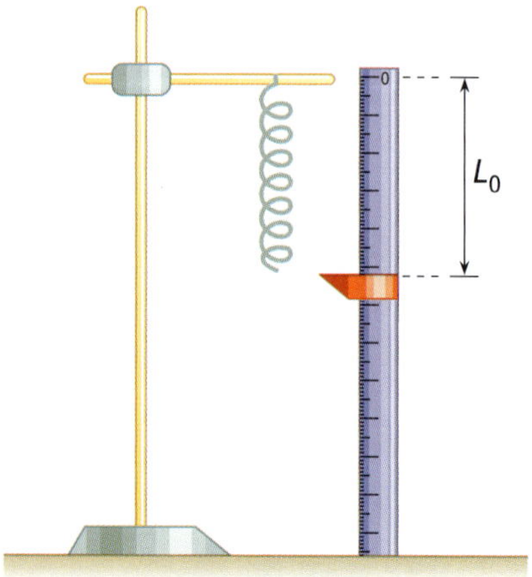

Figura 2

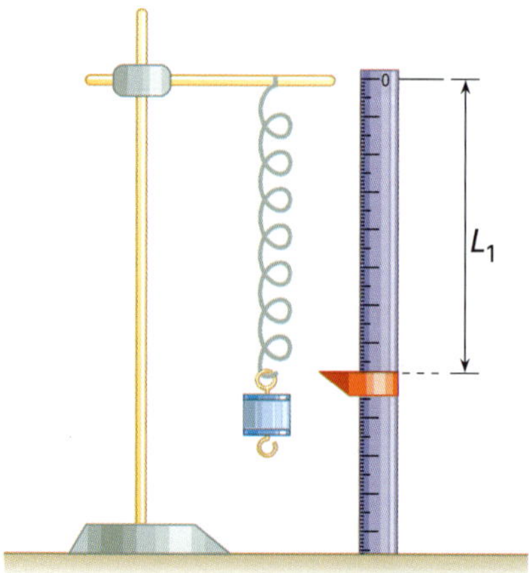

Figura 3

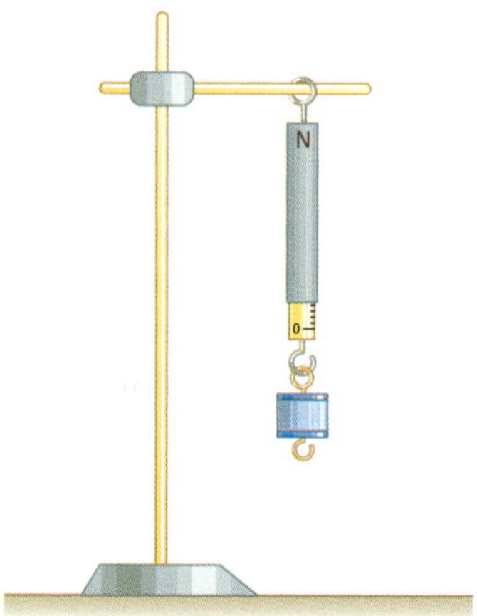

Figura 4

6 Raccolta dei dati

Per non appesantire la tabella, all'esterno di essa riporta chiaramente l'errore di sensibilità dell'asta millimetrata, che costituisce l'incertezza di L_0, L_1, L_2 e così via:

$$\Delta x(L) = 0{,}001 \text{ m}$$

Tabella 1

1	2	3	4	5	6	7	8
L_0 (m)	L (m)	$\Delta L = L - L_0$ (m)	$\Delta x(\Delta L)$ (m)	F (N)	$\Delta x(F)$ (N)	$K = \frac{F}{\Delta L}$ (N/m)	$\Delta x(K)$ (N/m)
0,300	0,315	0,015	0,002	0,49	0,01	33	5
0,300	...	...	0,002	...	...	...	...
0,300	...	...	0,002	...	...	...	...
0,300	...	...	0,002	...	...	...	...
0,300	...	...	0,002	...	...	...	...
0,300	...	...	0,002	...	...	...	...

Nella tabella abbiamo introdotto degli ipotetici valori (che ovviamente non è detto che corrispondano ai tuoi), per poter illustrare i calcoli da eseguire.

7 Elaborazione

I calcoli

Nella colonna 3 sono riportati gli allungamenti ΔL della molla:

$$\Delta L_1 = L_1 - L_0 = 0{,}315 - 0{,}300 = 0{,}015 \text{ m}$$

Presta attenzione a non confondere il simbolo Δ della variazione (in questo caso di lunghezza) con quello dell'incertezza.
La colonna 7 contiene il valore calcolato della costante elastica ottenuta con i dati raccolti:

$$K = \frac{F}{\Delta L} = \frac{0{,}49}{0{,}015} = 32{,}66667 \cong 33 \text{ N/m}$$

Nelle righe successive vanno ripetute tali elaborazioni.
(Nel caso l'insegnante richieda la determinazione delle incertezze della costante elastica K tramite le leggi di propagazione degli errori, per la qual cosa occorre completare le colonne 4 e 8, puoi riguardare i procedimenti necessari rispettivamente nelle rubriche ***help 2*** ed ***help 3***).

Il grafico

Passiamo ora alle indicazioni per tracciare il grafico. Sulla carta millimetrata riporta l'asse delle X per gli allungamenti (colonna 3 della tabella) e l'asse delle Y per le forze applicate (colonna 5), scegliendo le scale che ti consentono di occupare il più possibile il foglio a disposizione. Dopodiché, individua il punto relativo a una determinata coppia di valori (per esempio: $\Delta L = 0{,}015$ m ed $F = 0{,}49$ N). Fatto ciò, devi premurarti di riportare anche gli intervalli di indeterminazione dei due valori, uno lungo l'asse X e l'altro lungo l'asse Y (fig. 5).
Riportati tutti gli intervalli di indeterminazione, la retta che dobbiamo tracciare difficilmente passerà esattamente per i centri degli stessi intervalli. Ma non è necessario: il risultato della prova sarà buono se

riusciamo a trovarne una che attraversi comunque tutti i rettangoli, confermando l'ipotesi della diretta proporzionalità fra forza applicata e allungamento e, in definitiva, della validità della legge di Hooke. Dovresti trovare qualcosa di simile a quanto illustrato nella figura 5.
Facciamo passare la retta per l'origine in quanto, quando la forza applicata alla molla è zero, anche l'allungamento vale zero.

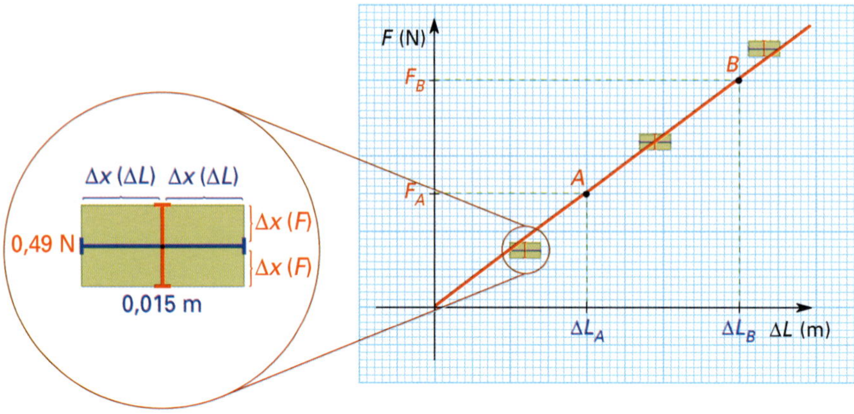

Figura 5

8 Analisi dei risultati e conclusioni

Se sei riuscito a trovare una retta che, partendo dall'origine degli assi, attraversa tutti gli intervalli sperimentali, allora puoi concludere di avere verificato la legge di Hooke: effettivamente forza applicata e allungamento della molla sono direttamente proporzionali. La costanza del loro rapporto, cioè della costante elastica K, dovrebbe costituirne un'ulteriore conferma.
In caso contrario, se cioè non hai trovato la retta desiderata, allora devi cercare di dire quali problemi si sono verificati durante la prova.
Alla base di un insuccesso della prova, potrebbero esserci i seguenti motivi:

- la molla era danneggiata, per cui non ha più un comportamento veramente elastico;
- la taratura del dinamometro non era ottimale;
- le misurazioni degli allungamenti presentavano incertezze che in realtà superavano la sensibilità dell'asta millimetrata.

Ricorda che non è ammissibile elencare nei punti di cui sopra l'ipotesi che tu abbia commesso degli *sbagli* nell'eseguire la prova oppure nell'elaborazione dei dati: questa è una circostanza che dovresti cercare di evitare e che non ha nulla a che vedere con le *incertezze* delle misure!

Risultato complessivo

In generale, al termine di una relazione si devono fornire uno o più risultati numerici, che dipendono dagli obiettivi fissati. Nel nostro caso, i risultati poterebbero essere:

- La misura della costante elastica, individuata elaborando come serie di misure i valori della colonna 7 della tabella 1, calcolandone in altre parole il valore medio, l'errore massimo e scrivendo:

$$K = (\dots\dots \pm \dots\dots)\ \text{N/m}$$

- La misura della costante elastica in base alla pendenza della retta del grafico, tramite l'individuazione dei valori e delle rispettive incertezze di F e di ΔL in corrispondenza a due punti A e B, scelti sulla retta e diversi da quelli sperimentali (vedi figura 5):

$$K = \frac{F_B - F_A}{\Delta L_B - \Delta L_A} = \dots\dots\ \text{N/m}$$

$$\Delta x(K) = \left[\frac{\Delta x(F_B) + \Delta x(F_A)}{F_B - F_A} + \frac{\Delta x(\Delta L_B) + \Delta x(\Delta L_A)}{\Delta L_B - \Delta L_A}\right] \cdot K = \dots\dots\ \text{N/m}$$

help 1

Se devi trasformare una certa massa (in grammi) nel peso corrispondente (in newton), dovrai:

- convertirla in kilogrammi, dividendola per 1000;
- moltiplicare il valore della massa in kilogrammi per 9,81 (m/s^2).

Se per esempio 1 pesetto ha una massa di 50 g, allora, essendo $50\ g = \frac{50}{1000} = 0{,}050$ kg, avrai:

$$F = 0{,}050 \cdot 9{,}81 \cong 0{,}49\ N$$

help 2

Quando calcoli $\Delta L_1 = L_1 - L_0$ tieni presente che la sua incertezza è data dalla somma delle incertezze di L_0 e di L_1, vale a dire gli errori di sensibilità individuati sull'asta millimetrata (che di solito è 1 mm):

$$\Delta x(\Delta L_1) = \Delta x(L_1) + \Delta x(L_0) = 0{,}001 + 0{,}001 = 0{,}002\ m$$

help 3

Se vuoi trovare l'incertezza di K, essendo la costante elastica data dal rapporto fra F e ΔL, devi seguire questi passaggi:

1. Calcoli l'errore relativo di K, che è la somma degli errori relativi di F e di ΔL:

$$\varepsilon_r(K) = \varepsilon_r(F) + \varepsilon_r(\Delta L) = \frac{\Delta x(F)}{F} + \frac{\Delta x(\Delta L)}{\Delta L} = \frac{0{,}01}{0{,}49} + \frac{0{,}002}{0{,}015} \cong 0{,}02041 + 0{,}13333 = 0{,}15374$$

2. Trovi l'incertezza di K tramite la formula inversa:

$$\Delta x(K) = \varepsilon_r(K) \cdot K = 0{,}15374 \cdot 32{,}66667 = 5{,}02217 \cong 5\ N/m$$

3. Arrotondi il valore di K, in base all'incertezza corrispondente:

$$K = 32{,}66667 \cong 33\ N/m$$

SCHEDA LAB

L'attrito radente statico

PREREQUISITI

Per affrontare la prova devi sapere:

► Unità di misura della forza e qual è il suo strumento di misura (dinamometro)

► Significato di forza peso

► Caratteristiche dell'attrito radente

1 Titolo

Il titolo della prova è: **Misurazione del coefficiente d'attrito statico**.

2 Obiettivi

La finalità della prova consiste nel pervenire al valore del coefficiente d'attrito radente statico tra due materiali (quello del ripiano del banco di lavoro e dei parallelepipedi a disposizione) e nel valutare in che modo esso cambia al cambiare della superficie di contatto e del peso del parallelepipedo.

3a Schema e/o disegno

Il disegno serve solo per mostrare come sono disposte la forza peso, la forza d'attrito e in quale maniera si deve utilizzare il dinamometro (vedi figura).

3b Materiale e strumenti

Il materiale e gli strumenti per eseguire la prova sono:

- ripiano orizzontale (tavolo da lavoro);
- parallelepipedi di acciaio;
- filo inestensibile;
- dinamometri di varie portate.

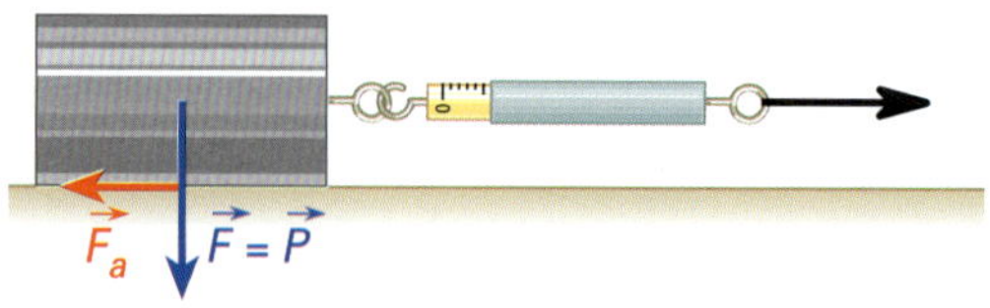

Figura 1

4 Contenuti teorici

Puoi parlare brevemente del concetto di attrito radente statico, delle cause e degli effetti di tale fenomeno. Poi passi alla definizione matematica del coefficiente d'attrito statico attraverso la quale viene determinato: $K = \frac{F_a}{F}$, in cui F_a è il modulo della forza d'attrito radente statico che si oppone al movimento del corpo, inizialmente fermo, ed F il modulo della forza che agisce perpendicolarmente sulla superficie di contatto (che nel nostro caso coincide con il peso del parallelepipedo).

5 Descrizione della prova

a) Con un dinamometro di portata sufficiente, misura il modulo della forza peso F del parallelepipedo.

b) Facendo l'ipotesi che il ripiano del tavolo di lavoro sia orizzontale, appoggia sopra il parallelepipedo e legalo lateralmente con il filo inestensibile (a meno che non ci sia la possibilità di avvitare un gancetto sulle varie facce di area diversa del solido, cosa che renderebbe più agevole l'operazione).

c) Disponi orizzontalmente il dinamometro e azzeralo.

d) Quindi lega il suo gancio al filo inestensibile e con molta gradualità inizia a tirare, tenendo il dinamometro tramite l'anello e facendo in modo che resti parallelo al ripiano orizzontale. Il parallelepipedo resterà fermo fino a quando la forza agente non sarà sufficiente a farlo spostare.

e) Non appena il parallelepipedo si sposta, leggi il valore indicato dal dinamometro: questo darà anche la forza d'attrito radente statico F_a che è stata equilibrata per mettere in movimento il corpo.

f) È il caso, evidentemente, di ripetere alcune volte le rilevazioni ed esaminare quei valori di F_a più attendibili.

g) Infine, calcola il coefficiente d'attrito statico K con la formula vista in precedenza.

(È consigliabile ripetere quanto descritto qui sopra appoggiando lo stesso parallelepipedo su facce diverse, quindi utilizzando un secondo parallelepipedo e, in ultimo, mettendo i due corpi uno sull'altro).

6 Raccolta dei dati

Si possono impostare tre tabelle come la tabella 1, ognuna per le situazioni indicate poco fa, analoghe fra loro.

Tabella 1

1	2	3	4	5	6	7
faccia	F (N)	$\Delta x(F)$ (N)	F_a (N)	$\Delta x(F_a)$ (N)	K	$\Delta x(K)$
A	3,4	0,2	0,50	0,02	0,15	0,02
B	...	...	...	...	...	...
C	...	...	...	...	...	...

7 Elaborazione

Il calcolo di K è piuttosto semplice, in quanto basta effettuare la divisione tra F_a ed F:

$$K = \frac{F_a}{F} = \frac{0,50}{3,4} = \ldots\ldots$$

Se hai necessità di determinare, tramite le leggi di propagazione degli errori, l'incertezza di K, vedi ***help 1***.

8 Analisi dei risultati e conclusioni

Dato che difficilmente ci sono dei valori con cui confrontare i risultati ottenuti, può essere utile trarre le valutazioni conclusive rispondendo ad alcune domande quali:

- Si modifica il coefficiente d'attrito statico se, usando lo stesso parallelepipedo (per cui resta invariato il peso, cioè la forza perpendicolare alla superficie di contatto), cambia la superficie di appoggio?
- Si modifica il coefficiente d'attrito statico se, a parità di superficie di appoggio e di materiali in gioco, cambia il peso del parallelepipedo?

help 1

Per trovare eventualmente l'incertezza, puoi procedere direttamente così:

$$\Delta x(K) = \left[\frac{\Delta x(F_a)}{F_a} + \frac{\Delta x(F)}{F}\right] \cdot K$$

SCHEDA LAB

Le leve

PREREQUISITI

Per affrontare la prova devi sapere:

- Unità di misura di forza e suo strumento di misura (dinamometro)
- Definizione e unità di misura del momento di una forza
- Classificazione delle leve

1 Titolo

Il procedimento che qui proponiamo, con le opportune variazioni, è valido per tutti e tre i generi di leve. Se ci soffermiamo in particolare sul secondo, avremo come titolo: **La leva di secondo genere**.

2 Obiettivi

La prova ha come scopo quello di verificare l'uguaglianza dei momenti della forza motrice e della resistenza rispetto al fulcro in condizioni di equilibrio della leva.

3a Schema e/o disegno

Il disegno riportato in figura 1 si riferisce alla leva di secondo genere, ma basta modificare la posizione reciproca di forza motrice, fulcro e resistenza, per poter avere gli altri due generi.

3b Materiale e strumenti

Bisogna disporre del seguente materiale:

- aste di supporto;
- leva metallica (con fori equidistanti);
- pesetti (da 50 g);
- dinamometro.

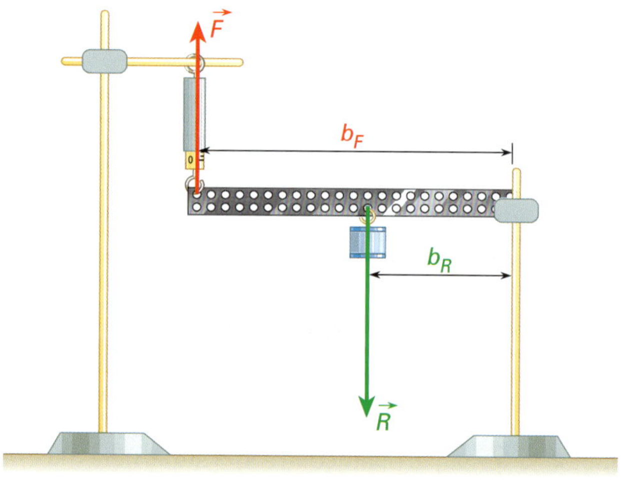

Figura 1

4 Contenuti teorici

Ipotizzando che sia noto e consolidato il concetto di forza, in questa parte devi riprendere la definizione di momento di una forza rispetto a un punto e quindi descrivere il genere di leva preso in esame, dicendo se è vantaggiosa, svantaggiosa o indifferente. Infine, riporti la condizione di equilibrio legata all'uguaglianza dei momenti della forza motrice e della resistenza rispetto al fulcro della leva.

5 Descrizione della prova

a) Monta la leva come riportato nella figura, facendo in modo che il fulcro sia fissato sul foro che si trova a un'estremità della leva e la forza motrice venga applicata tramite il dinamometro al foro della leva che si trova all'estremità opposta: è importante assicurarsi che l'azzeramento del dinamometro sia effettuato accuratamente e che la leva risulti in posizione orizzontale.

b) Il braccio b_F della forza motrice $\vec{F}$ rimane fisso durante la prova; invece, spostando i pesetti (che rappresentano la resistenza) a partire per esempio dalla posizione centrale della leva via via verso il fulcro, il braccio b_R della resistenza $\vec{R}$ (il cui modulo è costante) diventa sempre più piccolo. In corrispondenza di ogni posizione dei pesetti (resistenza), con la leva in posizione orizzontale, leggi il valore della forza motrice sul dinamometro e calcola i due momenti all'equilibrio:

$$M_F = F \cdot b_F \qquad\qquad M_R = R \cdot b_R$$

per controllare se sono uguali.

6 Raccolta dei dati

La tabella può essere organizzata come segue.

Tabella 1

1	2	3	4	5	6	7	8	9	10	11	12
R (N)	$\Delta x(R)$ (N)	b_R (m)	$\Delta x(b_R)$ (m)	F (N)	$\Delta x(F)$ (N)	b_F (m)	$\Delta x(b_F)$ (m)	$M_R=R \cdot b_R$ (N · m)	$\Delta x(M_R)$ (N · m)	$M_F=F \cdot b_F$ (N · m)	$\Delta x(M_F)$ (N · m)
0,50	0,01	0,180	0,001	0,25	0,01	0,360	0,001	0,090	0,003	0,090	0,004
0,50	0,01	0,160	0,001	0,23	0,01	0,360	0,001	...	...	...	...
...	...	...	...	...	...	...	...	...	...	...	...

Le prime otto colonne sono quelle relative ai dati, mentre le successive riguardano la loro elaborazione.

7 Elaborazione

Si calcolano i due momenti:

$$M_F = F \cdot b_F = 0{,}25 \cdot 0{,}360 = \ldots\ldots \qquad M_R = R \cdot b_R = 0{,}50 \cdot 0{,}180 = \ldots\ldots$$

(Per determinare le incertezze, nel caso ciò fosse richiesto, puoi fare riferimento all'***help 1***).

8 Analisi dei risultati e conclusioni

Ovviamente i valori dei momenti della forza motrice e della resistenza devono essere il più vicino possibile (nel caso di calcolo delle incertezze dei momenti, i rispettivi intervalli di indeterminazione dovranno verificare la compatibilità, cioè dovranno presentare una parte in comune).
Tra i motivi che possono condizionare la prova si ricorda:

- l'approssimazione nella misura dei bracci, che al ruotare della leva possono non risultare perfettamente perpendicolari alla direzione delle forze.

help 1

Per trovare l'incertezza di momenti puoi procedere come segue:

$$\Delta x(M_F) = \left[\frac{\Delta x(F)}{F} + \frac{\Delta x(b_F)}{b_F}\right] \cdot M_F$$

Scriverai una formula analoga per $\Delta x(M_R)$.

SCHEDA LAB

Il principio di Archimede

PREREQUISITI

Per affrontare la prova devi sapere:

- Che cos'è la forza peso e qual è la sua unità di misura
- Come si utilizza il dinamometro
- Definizione e unità di misura della densità
- Definizione e unità di misura della pressione
- Enunciato del principio di Archimede

1 Titolo

L'argomento di questa prova di laboratorio riguarda un importante fenomeno fisico, noto fino dall'antichità ed espresso dal principio di Archimede. Poiché si affronta l'esperienza con l'intento di valutarne la validità, puoi scrivere come titolo: **Verifica del principio di Archimede**.

2 Obiettivi

Lo scopo che vogliamo realizzare consiste quindi nel vedere se la spinta che un fluido esercita su un corpo in esso immerso coincide con il peso del liquido spostato, per lo meno entro i limiti sperimentali, che potranno essere valutati eventualmente – ma questo non è indispensabile – tramite le leggi di propagazione degli errori.

3a Schema e/o disegno

In questo caso si possono realizzare due disegni che mostrino, in sequenza, i momenti fondamentali della fase operativa (fig. 1).

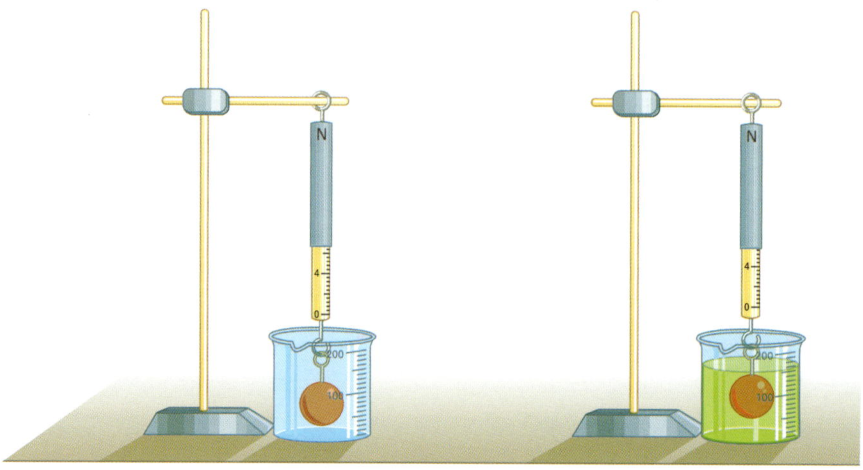

Figura 1

3b Materiali e strumenti

Il materiale e gli strumenti necessari in questa prova sono:
- asta di supporto;
- corpi di vari materiali e diverse dimensioni, possibilmente dotati di gancio;
- liquido (o vari tipi di liquidi);
- dinamometro;
- contenitore graduato (becker).

4 Contenuti teorici

Riassumi brevemente il contenuto del principio di Archimede, descrivendo esaurientemente le grandezze fisiche e le rispettive unità di misura che entrano in gioco. Tutto ciò ti serve per dare chiarezza alle azioni che ti appresti a compiere, oltre che a rendere maggiormente comprensibile la relazione.

5 Descrizione della prova

La descrizione dell'esperimento consiste nell'illustrazione delle modalità operative che hai seguito, sottolineando in particolare attraverso quale via tenti di determinare il valore della spinta di Archimede S_A agente sul corpo di forma irregolare, al fine di confrontarla con il prodotto $\rho \cdot V \cdot g$.
Per capire come devi agire, le tappe operative della prova sono le seguenti:

- calcolare la spinta S_A come:

$$S_A = \underset{\text{peso oggetto in aria}}{P_1} - \underset{\text{peso oggetto in acqua}}{P_2}$$

- calcolare il volume V del solido come:

$$V = \underset{\text{volume di acqua + solido}}{V_2} - \underset{\text{volume dell'acqua}}{V_1}$$

A questo punto, ascoltate le indicazioni degli insegnanti, puoi iniziare l'esecuzione della prova.

a) Dopo aver montato l'asta di supporto (che in linea di massima è il semplice dispositivo illustrato in figura 1, che probabilmente hai già utilizzato), fissa verticalmente un dinamometro della portata opportuna e assicurati che la parte mobile sia disposta in basso esattamente in corrispondenza dello 0 (questa operazione si chiama azzeramento).

b) Appendi all'estremità del dinamometro l'oggetto sul quale vuoi verificare per primo la spinta idrostatica e rilevane la forza peso P_1, riportando correttamente la relativa scrittura. Nell'esempio utilizzato da noi per impostare la tabella 1 che trovi al punto 6 (colonna 1), avremmo dovuto riportare:

$$P_1 = (6{,}80 \pm 0{,}05)\ \text{N}$$

ipotizzando un errore di sensibilità del dinamometro pari a 0,05 N.

c) Prendi il contenitore graduato (becker) e versaci dentro una quantità d'acqua sufficiente a consentire l'immersione totale degli oggetti scelti. Sulla scala indicata nel vetro, vai a leggere il volume di acqua presente: ovviamente, l'acqua va versata in modo tale che il suo livello raggiunga un valore comodo da rilevare. Nel nostro esempio (colonna 5 di tabella 1):

$$V_1 = (750 \pm 1)\ \text{cm}^3 = (0{,}750 \pm 0{,}001)\ \text{dm}^3$$

I valori dei volumi sono riportati direttamente in m^3: basta aggiungere 10^{-3} in testa alla colonna (vedi ***help 1***).

d) Abbassa l'asta di supporto che sorregge il dinamometro con il corpo appeso, in modo tale da immergere completamente nel liquido il corpo, lasciando fuori l'anello di aggancio del dinamometro. A questo punto effettua due letture:
- il valore della forza peso indicata adesso dal dinamometro, che sarà inferiore a quella precedente;
- il valore del volume occupato dall'acqua con il corpo immerso.

Ad esempio, faremo delle letture rispettivamente del tipo:

$P_2 = (5{,}90 \pm 0{,}05)$ N $\qquad V_2 = (838 \pm 1)$ cm^3 = $(0{,}838 \pm 0{,}001)$ dm^3

Tali valori vanno inseriti rispettivamente nelle caselle delle colonne 2 e 6 della solita tabella.

e) Ripeti l'operazione con gli altri corpi solidi a disposizione, completando le colonne 1, 2, 5 e 6.

6 Raccolta dei dati

Qui sotto trovi la tabella nella quale inserire i dati (colonne 1, 2, 5 e 6). Per non renderla troppo pesante, abbiamo evitato di inserire gli errori di sensibilità degli strumenti per i due pesi P_1 e P_2 e per i due volumi V_1 e V_2, che comunque devi annotare scrupolosamente.
Inoltre, tieni presente che dati impliciti noti sono anche:

- la densità dell'acqua: $\rho = (1000 \pm 1)$ kg/m^3;
- l'accelerazione di gravità: $g = (9{,}81 \pm 0{,}01)$ m/s^2.

Tabella 1

1	2	3	4	5	6	7	8	9	10
P_1 (N)	P_2 (N)	$S_A = P_1 - P_2$ (N)	$\Delta x(S_A)$ (N)	$V_1 \cdot 10^{-3}$ (m^3)	$V_2 \cdot 10^{-3}$ (m^3)	$V = V_2 - V_1 \cdot 10^{-3}$ (m^3)	$\Delta x(V) \cdot 10^{-3}$ (m^3)	ρVg (N)	$\Delta x(\rho Vg)$ (N)
6,80	5,90	0,9	0,1	0,750	0,838	0,088	0,002	0,86	0,03
...	...	...	...	...	...	...	...	...	...
...	...	...	...	...	...	...	...	...	...
...	...	...	...	...	...	...	...	...	...

7 Elaborazione

L'elaborazione dei dati comprende il completamento delle colonne 3, 7 e 9. Il calcolo di S_A e di V non è un problema, trattandosi di semplici sottrazioni.
Dopodiché, passi al calcolo del prodotto ρVg (colonna 9). Dunque, riprendendo i dati riportati a mo' di esempio, abbiamo:

$$\rho Vg = 1000\,\frac{\text{kg}}{\cancel{\text{m}^3}} \cdot 0{,}088 \cdot 10^{-3}\,\cancel{\text{m}^3} \cdot 9{,}81\,\frac{\text{m}}{s^2} = \cancel{1000} \cdot 0{,}088 \cdot \frac{1}{\cancel{1000}} \cdot 9{,}81\,\text{kg} \cdot \frac{\text{m}}{s^2} = 0{,}86328\,\text{N}$$

Puoi arrotondare il risultato prendendo due cifre significative (tante quante sono quelle del valore che ne ha di meno fra ρ, V e g che abbiamo moltiplicato, vale a dire 0,088 dm^3) e scrivere perciò: $\rho Vg = 0{,}86$ N.
Quanto appena visto, dovrai ripeterlo per ognuno dei corpi solidi che hai a disposizione.

Nel caso l'insegnante richieda la determinazione delle incertezze di S_A e di V, nonché del prodotto ρVg, tramite le leggi di propagazione degli errori, puoi rivedere i procedimenti necessari nella rubrica ***help 2*** per completare le colonne 4 e 8, quindi l'***help 3*** per la 10.

8 Analisi dei risultati e conclusioni

Se non hai calcolato la propagazione degli errori per ρVg, allora valuterai la riuscita della prova in base alla prossimità tra i valori di S_A e quelli di ρVg. Un modo può essere quello di calcolare lo scostamento in percentuale di ρVg rispetto a S_A:

$$\frac{S_A - \rho Vg}{S_A} \cdot 100 = \frac{0{,}9 - 0{,}86}{0{,}9} \cdot 100 = 4{,}4\%$$

valutando il risultato positivo quando, per esempio, in base alla possibilità di fare misurazioni accurate, esso è inferiore al 5% o anche di più.
Se, al contrario, hai dovuto calcolare anche le incertezze di ρVg, allora la valutazione dei risultati è più semplice, in quanto si tratterà di controllare la **compatibilità** fra i due intervalli di indeterminazione, quello di S_A e quello di ρVg, verificando che si sovrappongano almeno parzialmente, abbiano cioè dei valori in comune. Con i nostri esempi numerici:

Figura 2

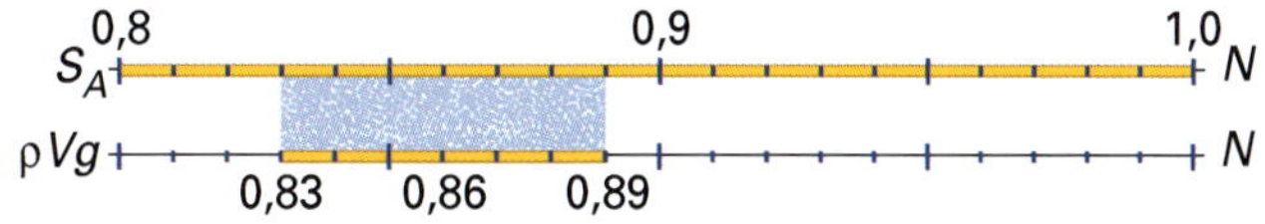

Per cui scriverai: «La prova è/non è riuscita in quanto gli intervalli di indeterminazione...». In caso di riscontro negativo, dovrai cercare di individuarne le cause, che possono concentrarsi nei momenti in cui sono state effettuate le letture dei valori delle grandezze fisiche in gioco.

help 1

Molto probabilmente l'unità di misura che troverai indicata nel becker è in cm^3. Ti ricordiamo comunque che 1 litro (l) equivale a 1 dm^3 e che 1 dm^3 equivale a 1000 cm^3, cioè a 10^3 cm^3.
Soffermati un attimo sulle equivalenze riportate sotto, in modo da leggere correttamente il volume:

$1\ l = 1\ dm^3 = 10^3\ cm^3 \qquad 1\ cm^3 = 10^{-3}\ dm^3 = 10^{-3}\ l \qquad 1\ l = 1\ dm^3 = 10^{-3}\ m^3$

help 2

Per calcolare le incertezze di S_A e V, cioè $\Delta x(S_A)$ e $\Delta x(V)$, da mettere nelle colonne 4 e 8, ricorda che nella differenza, così come nella somma, per trovare l'incertezza si devono sommare le incertezze degli addendi:

$$\Delta x(S_A) = \Delta x(P_1) + \Delta x(P_2) = 0{,}05 + 0{,}05 = \ldots \text{ N}$$
$$\Delta x(V) = \Delta x(V_1) + \Delta x(V_2) = 0{,}001 + 0{,}001 = \ldots \text{ dm}^3$$

help 3

Per trovare l'incertezza di ρVg, da inserire nella colonna 10 della tabella, dovrai procedere così:

1. calcolare gli errori relativi delle tre grandezze ρ, V e g (ipotizzando, come da relative misure, per la densità un'incertezza di 1 kg/m^3 e per l'accelerazione di gravità 0,01 m/s^2):

$$\varepsilon_r(\rho) = \frac{\Delta x(\rho)}{\rho_M} = \ldots \qquad \varepsilon_r(V) = \frac{\Delta x(V)}{V_M} = \ldots \qquad \varepsilon_r(g) = \frac{\Delta x(g)}{g_M} = \ldots$$

2. trovare l'errore relativo del prodotto:

$$\varepsilon_r(\rho Vg) = \varepsilon_r(\rho) + \varepsilon_r(V) + \varepsilon_r(g) = \ldots$$

3. determinare la sua incertezza:

$$\Delta x(\rho Vg) = \varepsilon_r(\rho Vg) \cdot \rho Vg = \ldots$$

4. arrotondare coerentemente incertezza e valore della misura e scrivere:

$$\rho Vg = (\ldots \pm \ldots)\ \ldots$$

SCHEDA LAB

Il moto rettilineo uniforme

PREREQUISITI

Per affrontare la prova devi sapere:

- Definizione di velocità
- Unità di misura della velocità
- Come si rappresenta il moto rettilineo uniforme nel piano cartesiano spazio-tempo
- Come si elabora una serie di misure (valore medio ed errore massimo)

1 Titolo

Il titolo di questa relazione, riguardando lo studio del moto con velocità costante, è **Moto rettilineo uniforme**.

2 Obiettivi

Lo scopo essenziale è:
• misurare la velocità di un corpo che si muove di moto rettilineo uniforme.
Inoltre, vogliamo anche:
• verificare esplicitamente la diretta proporzionalità tra spazio percorso e intervallo di tempo;
• costruire il grafico spazio-tempo con i punti sperimentali;
• tracciare la retta rappresentativa del moto.

3a Schema e/o disegno

Il dispositivo standard è quello illustrato in figura 1 (ne esistono anche altri, ma i princìpi di funzionamento restano i medesimi).

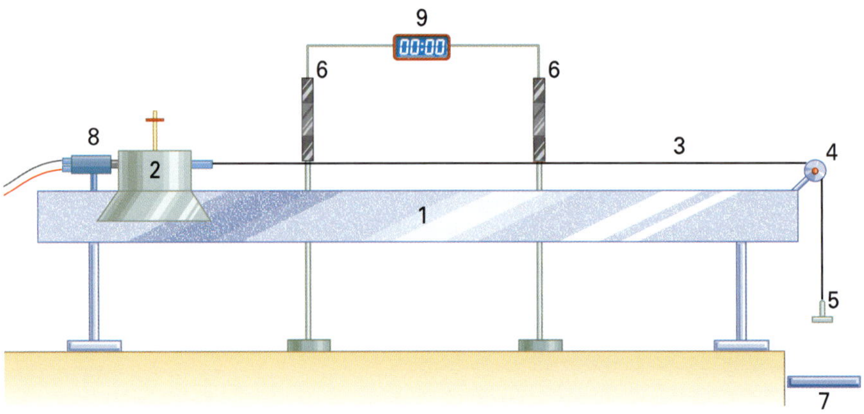

Figura 1

3b Materiale e strumenti

Il materiale utilizzato è il seguente (vedi figura 1):

- guidovia a cuscino d'aria (1);
- carrello (2);
- filo inestensibile (3);
- carrucola (4);
- portapesi e pesetti (5);
- fotocellule (6);
- piattello (7);
- elettrocalamita (8);
- timer (9);
- compressore;
- asta millimetrata.

4 Contenuti teorici

Dovrai descrivere le caratteristiche del moto rettilineo uniforme, con particolare riferimento alla definizione e all'unità di misura della velocità, alla legge oraria del moto e all'andamento del grafico spazio-tempo.

5 Descrizione della prova

Molto probabilmente questa prova di laboratorio, a causa della relativa complessità del dispositivo sperimentale, verrà eseguita al banco dagli insegnanti. Tuttavia, è possibile che tu venga chiamato a operare per ripetere alcune fasi, per effettuare delle misurazioni o per illustrare le caratteristiche dell'esperimento come momento di verifica. Quindi, è molto importante che tu prenda pieno possesso di tutti i principali dettagli dell'esecuzione: alla fine devi sapere **in che maniera le scelte operative corrispondono agli obiettivi e alle esigenze teoriche**.
Fondamentalmente non faremo altro che misurare gli intervalli di tempo corrispondenti allo spazio percorso dal carrello tra le due fotocellule, modificandolo di volta in volta a piacere, per poi calcolare la velocità secondo la nota formula:

$$v = \frac{\Delta s}{\Delta t}$$

Se il moto è effettivamente uniforme, i valori di tale grandezza dovranno essere molto vicini fra loro.

Iniziamo l'esecuzione della prova.

Fase di preparazione

a) Controllo della guidovia
Accendi il compressore, disponi il carrello sulla guidovia (che deve essere perfettamente orizzontale) e constata che possa muoversi scivolando praticamente senza attrito.

b) Utilizzo dei pesetti
Per realizzare spinte uguali sul carrello, in modo da effettuare delle misurazioni confrontabili fra loro, devi ricorrere a un numero fisso di pesetti sul portapesi i quali, tramite un filo inestensibile e una carrucola, esercitano un'azione costante sul carrello.

c) Realizzazione del moto uniforme
Disponi il carrello in modo tale che l'elettrocalamita lo tenga bloccato. Quando disattivi l'elettrocalamita, aprendo il circuito elettrico con un interruttore, il carrello è libero di muoversi sotto l'azione dei pesetti. Tuttavia, se tu lasciassi proseguire il moto in questo modo, il carrello aumenterebbe la sua velocità per tutto il tragitto. Allora è necessario che tu disponga un piattello che, dopo un breve tratto iniziale, blocchi la discesa dei pesetti: da questo momento in avanti il carrello non subisce più nessuna spinta e la velocità smette di aumentare e resta costante. La parte di moto che ti interessa è proprio quella che si realizza quando i pesetti hanno toccato il piattello e il carrello si muove di moto rettilineo uniforme.

d) Modifica della velocità
Puoi modificare la velocità regolando il numero di pesetti sul portapesi all'estremità del filo inestensibile.

e) Posizionamento delle fotocellule

Per essere sicuro che il moto avvenga a velocità costante, devi porre la prima fotocellula, quella che dà inizio al conteggio del tempo da parte del timer, in maniera che si trovi ancora davanti al carrello **una volta che il portapesi ha toccato il piattello** (fig. 2).

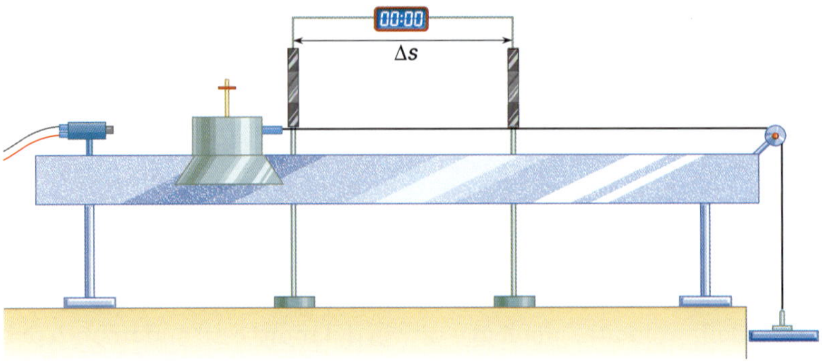

Figura 2

Indica con s_0 la posizione della prima fotocellula rilevata sull'asta millimetrata e scrivi il suo valore nella colonna 1 della tabella proposta al punto 6.
Nelle fasi successive, dovrai invece modificare la posizione della seconda fotocellula, che ha la funzione di fermare il conteggio del tempo, per incrementare gli spazi percorsi dal carrello. Indica la sua posizione con s e riportala nella colonna 2 della tabella 1.
(Per rilevare le posizioni delle fotocellule fai riferimento all'asta millimetrata che di solito è fissata sulla parte inferiore della guidovia.)
La distanza tra le due fotocellule, cioè $\Delta s = s - s_0$ (da mettere nella colonna 3), è lo spazio percorso dal carrello, in relazione al quale andrai a leggere sul timer il corrispondente intervallo di tempo Δt, riportandolo nella colonna 5. Quindi, per trovare la velocità ti basterà fare il rapporto $v = \Delta s/\Delta t$.
(Per l'incertezza $\Delta x(\Delta s)$, da trascrivere nella colonna 4, vedi l'***help 1***).

f) Ultimi controlli

Prima di cominciare con la rilevazione dei dati, assicurati che:

- l'elettrocalamita blocchi il carrello;
- il filo inestensibile sia correttamente inserito nella scanalatura della carrucola;
- il timer risulti azzerato;
- il compressore sia acceso.

Fase di esecuzione

Ora puoi iniziare l'esperimento vero e proprio, dopo avere preparato una tabella analoga a quella qui proposta nella pagina seguente.

a) Apri il circuito dell'elettrocalamita: il carrello parte e attraversa entrambe le fotocellule.

b) Dopo aver fermato il carrello alla fine del percorso, leggi il valore dell'intervallo di tempo intercorso nel passaggio tra le due fotocellule e azzera il timer.

c) Chiudi il circuito dell'elettrocalamita e rimetti il carrello nella posizione di partenza.

d) Lasciando invariata la posizione delle fotocellule, ripeti la prova altre due volte per verificare la validità del valore di Δt (vedi l'***help 2*** per l'elaborazione di questi dati), che va poi scritto nella colonna 5, mentre il corrispondente errore di sensibilità va nella colonna 6.

e) Una volta completata questa fase, sposta la seconda fotocellula, misura la nuova s e ripeti il procedimento dall'istruzione *c*) alla *d*).
Al fine di poter facilitare le osservazioni, ti consigliamo di raddoppiare, triplicare, quadruplicare ecc. i valori di Δs, anziché prendere valori del tutto a caso (scelta che comunque non condiziona la riuscita della prova).

f) Replica i passaggi dell'istruzione precedente il numero di volte necessario, che dipenderà da quante rilevazioni di v ti è stato chiesto di effettuare.

Le operazioni sono così terminate.

6 Raccolta dei dati

Per non appesantire la tabella, scrivi a parte in modo chiaro l'errore di sensibilità dell'asta millimetrata che incide su s_0 ed s:

$$\Delta x(s) = 0{,}001 \text{ m}$$

Tabella 1

1	2	3	4	5	6	7	8
s_0 (m)	s (m)	Δs (m)	$\Delta x(\Delta s)$ (m)	Δt (s)	$\Delta x(\Delta t)$ (s)	$v = \Delta s/\Delta t$ (m/s)	$\Delta x(v)$ (m/s)
0,125	0,325	0,200	0,002	0,35	0,01	0,57	0,03
0,125	...	...	0,002	...	...	...	...
0,125	...	...	0,002	...	...	...	...
0,125	...	...	0,002	...	...	...	...
0,125	...	...	0,002	...	...	...	...

Per poter illustrare i calcoli che devi eseguire, nella tabella qui sopra abbiamo riportato nella prima riga dei valori come esempio (valori che ovviamente non corrisponderanno ai tuoi).

7 Elaborazione

I calcoli

La colonna 7, la penultima, contiene il valore della velocità calcolato con la prima serie di dati:

$$v = \frac{\Delta s}{\Delta t} = \frac{0{,}200}{0{,}35} = 0{,}57143 \cong 0{,}57 \text{ m/s}$$

Nel caso l'insegnante ti richieda il calcolo dell'incertezza della velocità v tramite le leggi di propagazione degli errori, più avanti nell'***help 3*** troverai il procedimento da seguire per completare anche la colonna 8.

Una volta completata la tabella, è possibile elaborare i valori delle velocità da te trovati (riportati tutti nella colonna 7 della tabella 1) come una **serie di misure**, per cui devi trovare (vedi ***help 2***) il **valore medio**, l'**errore massimo** e scrivere la misura:

$$v = (\ \dots \pm \dots\ ) \text{ m/s}$$

In alternativa, o a completamento, dovrai procedere alla realizzazione di un'elaborazione grafica.

Il grafico

Passiamo ora alle indicazioni sulla stesura del grafico. Una volta che in base alla scala da te definita sull'asse delle X per gli intervalli di tempo Δt (colonna 5 della tabella 1) e sull'asse delle Y per le distanze percorse Δs (colonna 3), hai individuato il punto relativo a una determinata coppia di valori, devi premurarti di riportare anche i rispettivi intervalli di indeterminazione (fig. 3).

Quindi, nel foglio di carta millimetrata avrai dei piccoli rettangoli che rappresentano tutte le possibili coppie di valori di Δs e di Δt.

Per esempio, se desideriamo riportare 0,35 s sull'asse delle X e 0,200 m sull'asse delle Y, avremo una situazione analoga a quella rappresentata in figura 3. Il rettangolo (ingrandito) con sfondo in colore è quello che corrisponde al nostro punto sperimentale.

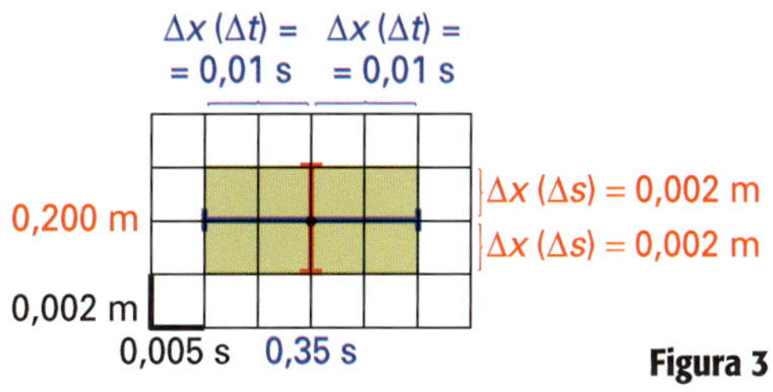

Figura 3

Di conseguenza, la retta che alla fine dobbiamo tracciare, difficilmente passerà per tutti i centri degli intervalli di indeterminazione; tuttavia, sarà un buon risultato se riusciamo a individuarne una che, partendo dall'origine degli assi, in qualche modo attraversa tutti gli intervalli sperimentali. Così verrebbe confermata l'ipotesi della diretta proporzionalità fra spazio effettivamente percorso e intervallo di tempo nel moto uniforme. Approssimativamente, dovresti trovare qualcosa di simile a quanto illustrato nella figura 4.

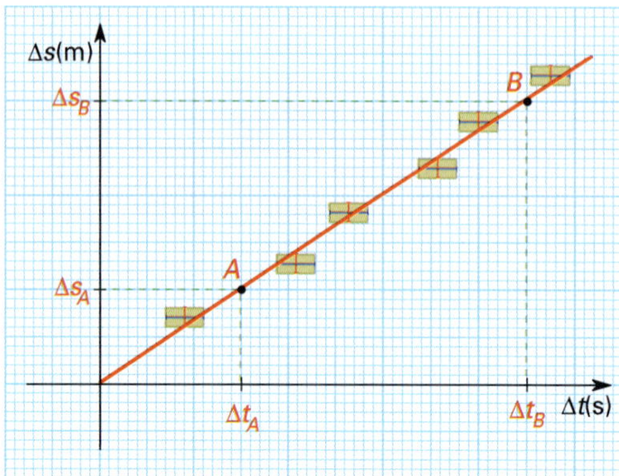

Figura 4

Per determinare la velocità del moto in base alla pendenza della retta tracciata, dobbiamo individuare su di essa due punti *A* e *B*, diversi dai centri degli intervalli di indeterminazione (come in figura 4), rilevare i corrispondenti valori Δs_A e Δt_A, quindi Δs_B e Δt_B, e calcolare la velocità così:

$$v = \frac{\Delta s_B - \Delta s_A}{\Delta t_B - \Delta s_A} = \ldots \text{ m/s}$$

(Per l'incertezza di v in questo caso, vedi l'***help 4***).

8 Analisi dei risultati e conclusioni

In generale, al termine di una relazione si devono fornire uno o più risultati, che possono dipendere dagli obiettivi iniziali.
Se riesci a trovare una retta che, oltre a passare per l'origine degli assi, attraversa tutti i rettangoli sperimentali, allora puoi concludere di aver verificato che spazio percorso e intervallo di tempo sono direttamente proporzionali. Ma questo significa che il loro rapporto non cambia e quindi la velocità è costante: si tratta effettivamente di un moto rettilineo uniforme.
In caso contrario, se cioè non riesci a trovare una retta con queste caratteristiche, allora devi cercare di dire quali problemi si sono verificati durante la prova.

Alla base di un insuccesso della prova, potrebbero esserci i seguenti motivi:

- la guidovia non era perfettamente orizzontale;
- l'attrito fra guidovia e carrello non è stato sufficientemente ridotto;
- il timer collegato alle fotocellule ha avuto un cattivo funzionamento;
- la massa del filo o l'attrito della carrucola non sono trascurabili.

Sottolineiamo che non è ammissibile elencare nei punti di cui sopra l'ipotesi che *tu* abbia commesso degli errori nell'elaborazione dei dati, perché questa è una circostanza che in teoria deve essere assolutamente evitata.

help 1

Quando calcoli Δs, tieni presente che la sua incertezza è data dalla somma delle incertezze di s e di s_0, cioè l'errore di sensibilità dell'asta millimetrata (che di solito è 1 mm):

$$\Delta x(\Delta s) = \Delta x(s) + \Delta x(s_0) = 0{,}001 + 0{,}001 = 0{,}002 \text{ m}$$

help 2

Se supponiamo di avere ottenuto i valori 0,35 s, 0,34 s, 0,36 s, allora possiamo considerare le misure accettabili, in quanto quelle fluttuazioni rientrano nei limiti dell'errore di sensibilità del timer (in questo caso 0,01 s), e scrivere perciò:

$$\Delta t = (0{,}35 \pm 0{,}01) \text{ s}$$

Se, invece, dopo prove ripetute continuiamo a ottenere valori più dispersi, quali 0,35 s, 0,39 s, 0,37 s, in tal caso dovremo prendere come valore della misura il valore medio e come incertezza l'errore massimo:

$$\Delta t_M = \frac{0{,}35 + 0{,}39 + 0{,}37}{3} = 0{,}37 \text{ s} \qquad \Delta x(\Delta t) = \frac{0{,}39 - 0{,}35}{2} = 0{,}02 \text{ s}$$

Per cui avremo: $\Delta t = (0{,}37 \pm 0{,}02)$ s.

help 3

Se ti viene chiesto di calcolare anche l'incertezza di v, per completare anche l'ultima colonna della tabella 1, allora devi applicare le leggi di propagazione degli errori e individuare la scrittura corretta della misura.
Vediamo come si calcola l'incertezza per la prima riga di dati della nostra tabella.
L'errore relativo è:

$$\varepsilon_r(v) = \varepsilon_r(\Delta s) + \varepsilon_r(\Delta t) = \frac{\Delta x(\Delta s)}{\Delta s} + \frac{\Delta x(\Delta t)}{\Delta t} = \frac{0{,}002}{0{,}200} + \frac{0{,}01}{0{,}35} \cong 0{,}01 + 0{,}02857 = 0{,}03857$$

La velocità definita in precedenza era $v = 0{,}57143$ m/s. L'incertezza di v sarà:

$$\Delta x(v) = \varepsilon_r(v) \cdot v = 0{,}03857 \cdot 0{,}57143 = 0{,}02204 \cong 0{,}03 \text{ m/s}$$

Arrotondati correttamente l'incertezza e il valore della misura, abbiamo la scrittura:

$$v = (0{,}57 \pm 0{,}03) \text{ m/s}$$

help 4

Il calcolo dell'incertezza della velocità determinata attraverso la retta del grafico è il seguente (in cui le incertezze di Δs_A e Δs_B, così come di Δt_A e Δt_B, sono quelle corrispondenti a 1 mm della carta millimetrata):

$$\Delta x(v) = \left[\frac{\Delta x(\Delta s_B) + \Delta x(\Delta s_A)}{\Delta s_B - \Delta s_A} + \frac{\Delta x(\Delta t_B) + \Delta x(\Delta t_A)}{\Delta t_B - \Delta t_A}\right] v = \left[\frac{0{,}002 + 0{,}002}{\Delta s_B - \Delta s_A} + \frac{0{,}005 + 0{,}005}{\Delta t_B - \Delta t_A}\right] v = \ldots$$

SCHEDA LAB

Il moto rettilineo uniformemente accelerato

PREREQUISITI

Per affrontare la prova devi sapere:

- Definizione di accelerazione e sua unità di misura
- Legge oraria del moto uniformemente accelerato e formula inversa per trovare *a*
- Come si rappresenta un moto con accelerazione costante nel grafico spazio-tempo
- Come si elabora una serie di misure (valore medio ed errore massimo)

1 Titolo

Il titolo di questa relazione, riguardando la prova sullo studio del moto con accelerazione costante, è: **Moto rettilineo uniformemente accelerato**.

2 Obiettivi

Lo scopo essenziale è:

- misurare l'accelerazione di un corpo che si muove di moto rettilineo uniformemente accelerato.

Inoltre, vogliamo anche:

- verificare la proporzionalità quadratica tra spazio percorso e intervallo di tempo;
- tracciare il tratto di parabola rappresentativa del moto nel grafico spazio-tempo con i punti sperimentali;
- costruire eventualmente il grafico $(s; t^2)$ al fine di ricavare da esso l'accelerazione.

3a Schema e/o disegno

Il dispositivo è illustrato in figura 1.

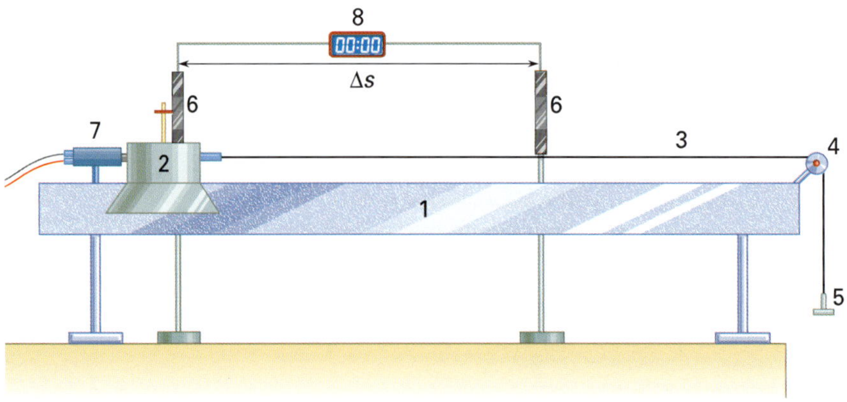

Figura 1

3b Materiale e strumenti

Il materiale utilizzato è il seguente (fig. 1):

- guidovia a cuscino d'aria (1);
- carrello (2);
- filo inestensibile (3);
- carrucola (4);
- portapesi e pesetti (5);
- fotocellule (6);
- elettrocalamita (7);
- timer (8);
- compressore;
- asta millimetrata.

4 Contenuti teorici

Il moto rettilineo uniformemente accelerato avviene con accelerazione costante, per cui sarà opportuno introdurre la definizione di tale grandezza fisica, la sua unità di misura e come interviene nella legge oraria che lega lo spazio percorso all'intervallo di tempo, nel caso più semplice di partenza da fermo.

5 Descrizione della prova

Rispetto alla prova di laboratorio sul moto rettilineo uniforme, è necessario capire che cosa cambia nella disposizione dell'apparato sperimentale e quali sono le conseguenze di tali cambiamenti. Il fatto che non ci sia più il piattello a bloccare la discesa dei pesetti che trascinano il carrello determina un progressivo aumento della sua velocità, come si può constatare anche visivamente.
Modificando a piacere di volta in volta lo spazio percorso dal carrello tra le due fotocellule, misureremo gli intervalli di tempo corrispondenti e calcoleremo l'accelerazione con la formula:

$$a = \frac{2 \cdot \Delta s}{t^2}$$

Se il moto avviene con accelerazione uniforme, dovremmo trovare valori molto vicini fra loro, pur modificando lo spazio considerato. (Tra poco capirai perché nella formula compare Δs anziché soltanto s, come forse sei abituato.)

Iniziamo l'esecuzione della prova.

Fase di preparazione

La tabella da predisporre la trovi al punto 6. La fase di preparazione è analoga a quella del moto uniforme, però con un paio di differenze fondamentali.

- Non c'è il piattello: la sua assenza fa sì che la spinta dei pesetti agisca sull'intero percorso, in particolare tra una fotocellula e l'altra, causando un moto uniformemente accelerato.
- Bisogna posizionare la prima fotocellula, quella che dà l'avvio al timer, in modo tale che il conteggio del tempo cominci *non appena il carrello, lasciato libero dall'elettrocalamita, inizia a muoversi* (fig. 2). Questa è la condizione necessaria affinché si possa considerare valida la legge oraria utilizzata che, come ricorderai, vale per $v_0 = 0$. La posizione s_0 (che rimarrà invariata) della fotocellula in questione devi scriverla prima della tabella 1.

  Niente cambia, invece, circa la seconda fotocellula, quella che arresta il conteggio del tempo. La sua posizione è s e va riportata nella colonna 1 della tabella. La distanza tra le due fotocellule, cioè $\Delta s = s - s_0$, è lo spazio percorso dal carrello (colonna 2). Il relativo intervallo di tempo, che indichiamo per semplicità con t, va posto nella colonna 4. (Per l'incertezza $\Delta x(\Delta s)$, da trascrivere nella colonna 3, vedi l'***help 1***).

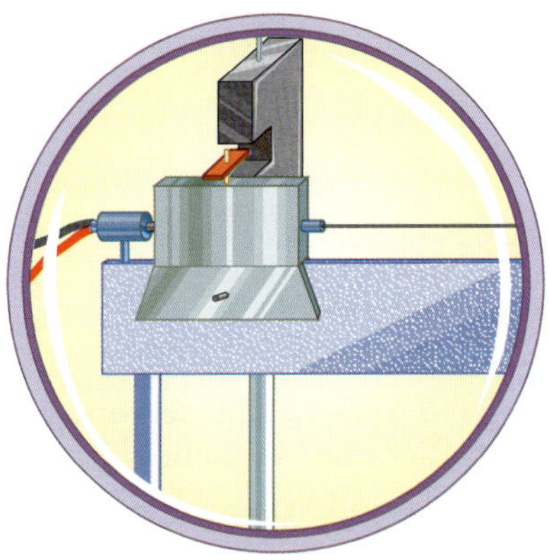

Figura 2 Dettaglio della situazione iniziale: appena il carrello viene lasciato libero dall'elettrocalamita, la prima fotocellula fa partire istantaneamente il conteggio del tempo.

Fase di esecuzione

Ora puoi metterti all'opera.

a) Apri il circuito dell'elettrocalamita: il carrello parte e attraversa entrambe le fotocellule.

b) Leggi il valore dell'intervallo di tempo e, dopo averlo trascritto, azzera il timer.

c) Chiudi il circuito dell'elettrocalamita e rimetti il carrello nella posizione di partenza.

d) Lasciando invariata la posizione delle fotocellule, ripeti la prova altre due volte per verificare la validità del valore di t da mettere nella colonna 4, mentre è opportuno che prendi nota dell'errore di sensibilità $\Delta x(t)$ del timer.

e) Una volta completata questa fase, sposta la seconda fotocellula, misura la nuova s e ripeti il procedimento dall'istruzione *a*) alla *d*).

Se la lunghezza della guidovia lo consente, per rendere i dati più chiari, ti consigliamo di prendere dei valori di Δs quattro, nove, sedici ecc. volte rispetto a quello iniziale, anziché casuali. (In ogni caso, questo aspetto non è condizionante per la riuscita della prova.)

f) Ripeti l'istruzione precedente *e*) il numero di volte necessario, che dipenderà da quante rilevazioni dell'accelerazione ti è stato chiesto di effettuare.

Nell'eventualità che tu debba fare la prova con valori di a diversi, ti basta regolare il numero di pesetti sul portapesi collocato all'estremità del filo inestensibile.
Le operazioni sono così terminate.

6 Raccolta dei dati

Dati preliminari:

- posizione della prima fotocellula: $s_0 = (0{,}125 \pm 0{,}001)$ m
- errore di sensibilità del timer: $\Delta x(t) = 0{,}01$ s

Tabella 1

1	2	3	4	5	6	7	8
s (m)	Δs (m)	$\Delta x(\Delta s)$ (m)	t (s)	t^2 (s^2)	$\Delta x(t^2)$ (s^2)	$a = 2 \cdot \Delta s/t^2$ (m/s^2)	$\Delta x(a)$ (m/s^2)
0,325	0,200	0,002	0,77	0,59	0,02	0,67	0,03
...	...	0,002	...	...	...	...	...
...	...	0,002	...	...	...	...	...
...	...	0,002	...	...	...	...	...
...	...	0,002	...	...	...	...	...

Nella tabella abbiamo inserito dei dati campione.

7 Elaborazione

I calcoli

Le colonne 5 e 6 della tabella servono esclusivamente se devi tracciare il grafico (s; t^2), altrimenti puoi farne a meno. Ricordati solo che $t^2 = t \cdot t$:

$$t^2 = 0{,}77 \cdot 0{,}77 = 0{,}5929 \cong 0{,}59 \text{ s}^2$$

(Vedi ***help* 2** per l'incertezza di t^2).
La penultima colonna, cioè la 7, è finalizzata alla determinazione dell'accelerazione:

$$a = \frac{2 \cdot \Delta s}{t^2} = \frac{2 \cdot 0{,}200}{0{,}77^2} = \frac{0{,}400}{0{,}5929} = 0{,}67465 \cong 0{,}67 \text{ m/s}^2$$

(Nell'eventualità che tu debba calcolare per la colonna 8 l'incertezza di a attraverso le leggi di propagazione degli errori, trovi nell'***help 3*** il procedimento da seguire.)
Una volta completata la tabella, puoi elaborare i valori delle accelerazioni da te riportati nella colonna 7, come una **serie di misure**: devi cioè trovare il **valore medio** e l'**errore massimo** (vedi ***help 4***) dei dati della colonna in questione e, infine, scrivere la misura:

$$a = (\ldots \pm \ldots)\ \text{m/s}^2$$

In alternativa, o a completamento, procederai a un'elaborazione grafica.

Il grafico

Il grafico che devi senz'altro tracciare, anche se ha carattere principalmente qualitativo, è quello (Δs, t) per verificare se hai ottenuto, secondo le previsioni, effettivamente un tratto di parabola.
Quindi, se devi pervenire alla misura di a anche tramite l'elaborazione grafica, riporta sull'asse delle ascisse i valori di t^2 (colonna 5 della tabella 1), mentre sull'asse delle ordinate metti Δs (colonna 2). Individuati sul piano cartesiano i punti corrispondenti alle varie coppie di valori e indicati i rispettivi intervalli di indeterminazione, cerca di disegnare la retta in maniera tale che attraversi possibilmente tutti gli intervalli (fig. 3). Se questo accade, allora hai trovato che s è proporzionale al quadrato del tempo e che l'accelerazione è costante.

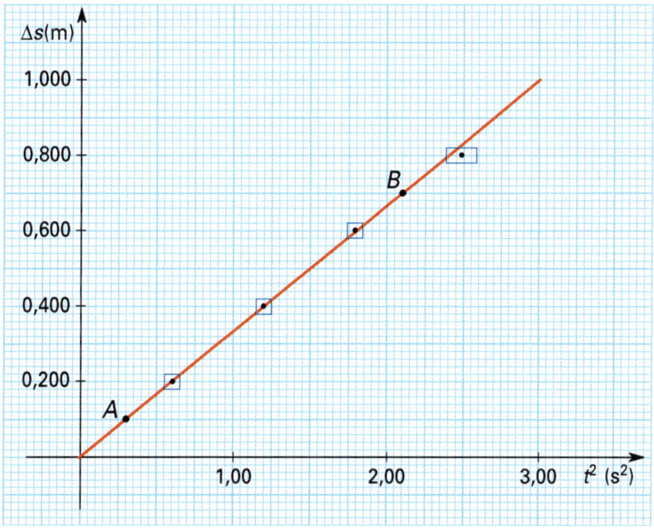

Figura 3

A questo punto, per determinare l'accelerazione relativa al moto del carrello tramite la pendenza della retta, è necessario scegliere su di essa due punti A e B, non coincidenti con i centri degli intervalli di indeterminazione (fig. 3), rilevare t_A^2 sull'asse x e Δs_A sull'asse y, allo stesso modo t_B^2 e Δs_B, e procedere al calcolo:

$$a = 2 \cdot \frac{\Delta s_B - \Delta s_A}{t_B^2 - t_A^2} = \ldots\ \text{m/s}^2$$

(Per l'incertezza di a, in questo caso, vedi l'***help 5***).

8 Analisi dei risultati e conclusioni

Se i valori delle accelerazioni trovate sono fra loro "ragionevolmente" vicini, oppure, se hai individuato una retta nel grafico (s; t^2) che, oltre a passare per l'origine degli assi, attraversa tutti i rettangoli sperimentali, allora puoi concludere di avere verificato che spazio percorso e intervallo di tempo sono legati da una proporzionalità quadratica, cosa che comporta la costanza dell'accelerazione: il moto è rettilineo uniformemente accelerato.
Se, invece, i dati delle accelerazioni sono molto diversi gli uni dagli altri, o se la retta non passa per tutti gli intervalli, ne consegue che si possono essere verificati i seguenti problemi:
- la guidovia non era perfettamente orizzontale;
- l'attrito fra guidovia e carrello non è stato sufficientemente ridotto;
- …

help 1

L'incertezza di Δs è data dalla somma delle incertezze di s e di s_0, cioè l'errore di sensibilità dell'asta millimetrata (che di solito è 1 mm):

$$\Delta x(\Delta s) = \Delta x(s) + \Delta x(s_0) = 0{,}001 + 0{,}001 = 0{,}002 \text{ m}$$

help 2

L'incertezza di t^2 è:

$$\Delta x(t^2) = \varepsilon_r(t^2) \cdot t^2 = 2 \cdot \varepsilon_r(t) \cdot t^2 = 2 \cdot \frac{\Delta x(t)}{\cancel{t}} \cdot t^{\cancel{2}} = 2 \cdot \Delta x(t) \cdot t = 2 \cdot 0{,}01 \cdot 0{,}77 = 0{,}0154 \cong 0{,}02 \text{ s}^2$$

help 3

Per completare l'ultima colonna della tabella 1, ecco la traccia sintetica per trovare l'incertezza di a:

$$\Delta x(a) = \left[\varepsilon_r(\Delta s) + \varepsilon_r(t^2)\right] \cdot a = \left[\varepsilon_r(\Delta s) + 2 \cdot \varepsilon_r(t)\right] \cdot a = \left[\frac{\Delta x(\Delta s)}{\Delta s} + 2 \cdot \frac{\Delta x(t)}{t}\right] a =$$

$$= \left[\frac{0{,}002}{0{,}200} + 2 \cdot \frac{0{,}01}{0{,}77}\right] 0{,}67465 = [0{,}01 + 0{,}02597] \cdot 0{,}67465 =$$

$$= 0{,}03597 \cdot 0{,}67465 = 0{,}02427 \cong 0{,}03 \text{ m/s}^2$$

Per cui:

$$a = (0{,}67 \pm 0{,}03) \text{ m/s}^2$$

help 4

Supponendo di aver trovato 0,67 m/s^2, 0,66 m/s^2, 0,63 m/s^2, 0,63 m/s^2, dovrai determinare il valore medio e l'errore massimo:

$$a = \frac{0{,}67 + 0{,}66 + 0{,}63 + 0{,}63}{4} = 0{,}6475 \cong 0{,}65 \text{ m/s}^2$$

$$\Delta x(a) = \frac{0{,}67 - 0{,}63}{2} = 0{,}02 \text{ m/s}^2$$

Per cui avrai: $a = (0{,}65 \pm 0{,}02)$ m/s^2.

help 5

Il calcolo dell'incertezza dell'accelerazione determinata attraverso la retta del grafico è il seguente (dove le incertezze di Δs_A e Δs_B, così come di t_A^2 e t_B^2, sono quelle corrispondenti a 1 mm della carta millimetrata):

$$\Delta x(a) = \left[\frac{\Delta x(\Delta s_B) + \Delta x(\Delta s_A)}{\Delta s_B - \Delta s_A} + \frac{\Delta x(t_B^2) + \Delta x(t_A^2)}{t_B^2 - t_A^2}\right] \cdot a = \ldots$$

Ricordati che nel grafico leggi direttamente t^2 e $\Delta x(t^2)$; di conseguenza, non devi elevarli nuovamente al quadrato!

SCHEDA LAB

L'accelerazione di gravità

PREREQUISITI

Per affrontare la prova devi sapere:

- ► Definizione e unità di misura dell'accelerazione
- ► Legge oraria del moto uniformemente accelerato e formula inversa per trovare l'accelerazione
- ► Che cos'è l'accelerazione di gravità g
- ► Come si misura sperimentalmente l'accelerazione

1 Titolo

Considerato lo scopo che vogliamo raggiungere, possiamo intitolare la prova: **L'accelerazione di gravità**.

2 Obiettivi

L'obiettivo consiste nel calcolare il valore della g, confrontandolo con quello teorico; sappiamo che, pur essendo variabile, al livello del mare esso è 9,81 m/s^2.
Disponendo di corpi di massa diversa, si potrebbe eventualmente verificare che, nonostante non si possa eliminare l'influenza dell'aria, l'accelerazione di gravità sostanzialmente resta invariata.

3a Schema e/o disegno

I componenti e gli strumenti necessari sono schematicamente rappresentati in figura 1.

3b Materiale e strumenti

Il materiale utilizzato è il seguente:

- asta di supporto (1);
- elettrocalamita (2);
- bandierina (o fotocellula) (3);
- sfere di acciaio (4);
- asta millimetrata;
- timer.

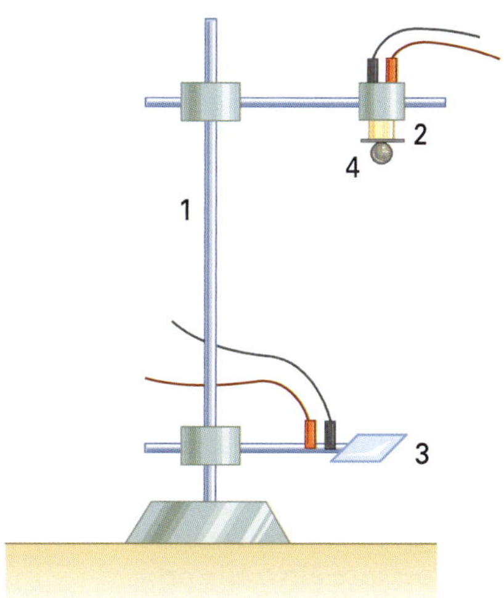

Figura 1

4 Contenuti teorici

Le conoscenze preliminari con le quali affronti questo semplice esperimento riguardano, oltre il concetto di accelerazione, il fatto che in assenza di aria un corpo lasciato cadere liberamente, cioè senza spinte, si muove verticalmente di moto rettilineo con accelerazione costante (e non, come si è portati a credere istintivamente, con velocità costante). Non solo. Il valore di questa accelerazione, detta **accelerazione di gravità**, è *stranamente* uguale per tutti i corpi che cadono, indipendentemente dalla loro massa e dimensione, a condizione di escludere l'attrito dell'aria.

5 Descrizione della prova

La prova che stiamo per iniziare non è dissimile, dal punto di vista dei calcoli, da quella trattata nella scheda "Il moto rettilineo uniformemente accelerato", in cui abbiamo misurato l'accelerazione in un moto rettilineo uniformemente accelerato. Una volta rilevati spazi percorsi e relativi intervalli di tempo, dobbiamo calcolare l'accelerazione (in questo caso è però la g) con la formula ormai nota:

$$g = \frac{2 \cdot \Delta s}{t^2}$$

La differenza consiste solo nella posizione verticale del dispositivo e nel meccanismo di rilevazione degli intervalli di tempo. Modificheremo l'altezza dalla quale facciamo cadere la sfera metallica e leggeremo il tempo sul timer. Quindi, calcolando l'accelerazione, dovremmo trovare nelle varie situazioni dei valori vicini a 9,81 m/s^2.

Mettiamoci all'opera.

Sull'asta di supporto sono fissate con dei morsetti l'elettrocalamita, che trattiene la sfera inizialmente ferma, e la bandierina. Entrambe sono collegate al timer. Quando si fa scattare l'interruttore del circuito, la corrente elettrica non attraversa più l'elettrocalamita e la sfera cade. Contemporaneamente, si avvia il conteggio del timer (fig. 2). Cadendo, la sfera di acciaio urta contro una bandierina metallica (oppure passa attraverso una fotocellula), che arresta il conteggio del tempo.
Lo spazio percorso dalla sfera è $\Delta s = s - s_0$, essendo s la posizione, letta sull'asta millimetrata, della sfera a contatto con l'elettrocalamita ed s_0 la posizione della bandierina. Quest'ultimo valore è fisso, per cui puoi scriverlo fuori dalla tabella in cui collocherai gli altri valori (tabella 1 a pagina seguente). Invece, riporta s nella colonna 1 della tabella 1 e t nella colonna 4. L'incertezza $\Delta x(t)$, determinata dall'errore di sensibilità del timer, poiché non cambia, mettila anch'essa all'esterno della tabella.
(Per incertezza $\Delta x(\Delta s)$, da trascrivere nella colonna 3, vedi l'***help 1*** della scheda "Il moto rettilineo uniformemente accelerato".)

a) Disponi la sfera, muovendo l'elettrocalamita sull'asta di supporto, in modo tale che sia Δs = 20 cm.

b) Apri il circuito dell'elettrocalamita: la sfera cade e urta la bandierina.

c) Leggi il valore dell'intervallo di tempo sul timer.

d) Lasciando invariata la posizione dell'elettrocalamita, ripeti la prova altre due volte per verificare la plausibilità del valore di t da mettere nella colonna 4 della tabella.

e) Chiudi il circuito dell'elettrocalamita, ricolloca la sfera al suo posto e spostala facendo sì che adesso sia Δs = 40 cm.

Come già suggerito altre volte, è opportuno variare omogeneamente Δs (per esempio, aumentandolo ogni volta di 10 o di 20 cm).

f) Dopo avere azzerato il timer, ripeti le operazioni dalla *b*) alla *e*) il numero di volte necessario, che dipenderà da quante rilevazioni sono tecnicamente effettuabili.

Se ti si richiede di ampliare la prova utilizzando sfere di massa diversa, non devi fare altro che procedere nuovamente secondo quanto appena visto.
Le fase operativa è terminata.

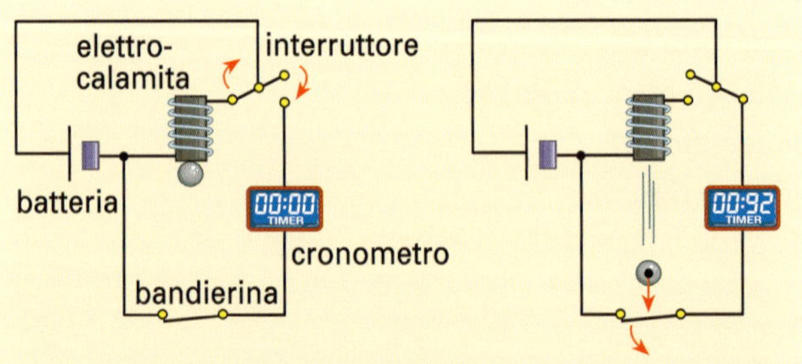

Figura 2 La corrente elettrica attraversa l'elettrocalamita, che trattiene la sfera metallica. Facendo scattare l'interruttore nel senso delle frecce cessa l'azione magnetica e la sfera cade. Contemporaneamente il timer risulta collegato elettricamente, per cui segna il tempo. Quando la pallina urta la bandierina, aprendola nel senso della freccia, il timer si arresta.

6 Raccolta dei dati

Dati fissi:
- posizione della bandierina: $s_0 = (0{,}150 \pm 0{,}001)$ m
- sensibilità del timer: $\Delta x(t) = 0{,}01$ s

Tabella 1

1	2	3	4	5	6	7	8
s (m)	Δs (m)	$\Delta x(\Delta s)$ (m)	t (s)	t^2 (s^2)	$\Delta x(t^2)$ (s^2)	$g = 2 \cdot \Delta s/t^2$ (m/s^2)	$\Delta x(g)$ (m/s^2)
0,350	0,200	0,002	0,20	0,040	0,004	10,0	1,1
...	...	...	...	...	...	...	...
...	...	...	...	...	...	...	...
...	...	...	...	...	...	...	...
...	...	...	...	...	...	...	...

I dati della tabella sono forniti unicamente a titolo di esempio.

7 Elaborazione

La colonna 5, relativa al quadrato dell'intervallo di tempo, serve soltanto per agevolarti nei calcoli:

$$t^2 = 0{,}20^2 = 0{,}040 \text{ s}^2$$

(Per l'incertezza di t^2 della colonna 6, vedi l'***help 2*** della scheda "Il moto rettilineo uniformemente accelerato".) Nella colonna 7 trascriviamo i valori trovati dell'accelerazione di gravità:

$$g = \frac{2 \cdot \Delta s}{t^2} = \frac{2 \cdot 0{,}200}{0{,}20^2} = \frac{0{,}400}{0{,}040} = 10{,}0 \text{ m/s}^2$$

(Nell'eventualità che tu debba calcolare l'incertezza di g relativa alla colonna 8, puoi fare riferimento all'***help 3*** della scheda "Il moto rettilineo uniformemente accelerato". Ti facciamo notare che nel dato indicato in tabella, cioè $\Delta x(g) = 1{,}1$ m/s², non abbiamo effettuato l'arrotondamento solito, affinché potessi apprezzarne l'effettiva entità. In ogni caso, procedendo nella prova tale incertezza di norma diminuisce.)
Una volta completata la tabella, elabora i valori delle g scritti nella colonna 7, come una **serie di misure**: devi trovare il **valore medio** e l'**errore massimo** dei dati della colonna 7 e, infine, scrivere la misura (vedi l'***help 4*** della scheda "Il moto rettilineo uniformemente accelerato"):

$$g = (\ldots \pm \ldots) \text{ m/s}^2$$

Infine, disegna il corrispondente intervallo di indeterminazione, indicando chiaramente anche il valore atteso di 9,81 m/s² (fig. 3).

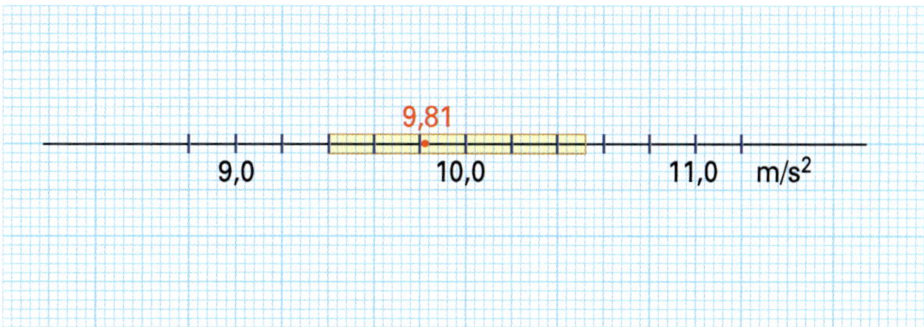

Figura 3

8 Analisi dei risultati e conclusioni

Se il valore 9,81 m/s² cade all'interno dell'intervallo di indeterminazione e i valori delle varie g sono vicini tra loro, allora puoi concludere di avere verificato che la sfera è scesa in caduta libera con accelerazione costante e pari approssimativamente al valore previsto.
Se, al contrario, le due condizioni precedenti non si verificano, a causa di un'eccessiva *dispersione* dei dati conclusivi, allora possono esserci stati i seguenti problemi:
- l'asta millimetrata non era perfettamente verticale;
- l'attrito dell'aria ha condizionato la caduta della sfera.

SCHEDA LAB

Le proprietà del pendolo semplice

PREREQUISITI

Per affrontare la prova devi sapere:

- Effettuare misurazioni dirette di lunghezze, masse, angoli e tempi
- Quali sono le caratteristiche del moto armonico
- Come si misura il periodo del pendolo semplice
- Come si elabora una serie di misure (valore medio ed errore massimo)

1 Titolo

Dato che vogliamo studiare il comportamento del pendolo semplice, il titolo della prova è: **Le proprietà del pendolo semplice**.

2 Obiettivi

Vogliamo vedere se, e secondo quale tipo di legge, il periodo T del pendolo semplice dipende da:

a) angolo di oscillazione α;

b) massa del pendolo m;

c) lunghezza del filo L.

3a Schema e/o disegno

Basta tracciare uno schizzo del pendolo semplice, evidenziando il punto fisso, il centro e gli estremi dell'oscillazione, la lunghezza del filo, l'angolo e la massa.

3b Materiale e strumenti

Il materiale utilizzato è quello che segue:

- asta di supporto e morsetti;
- filo inestensibile;
- pesi;
- asta millimetrata;
- bilancia;
- goniometro;
- cronometro.

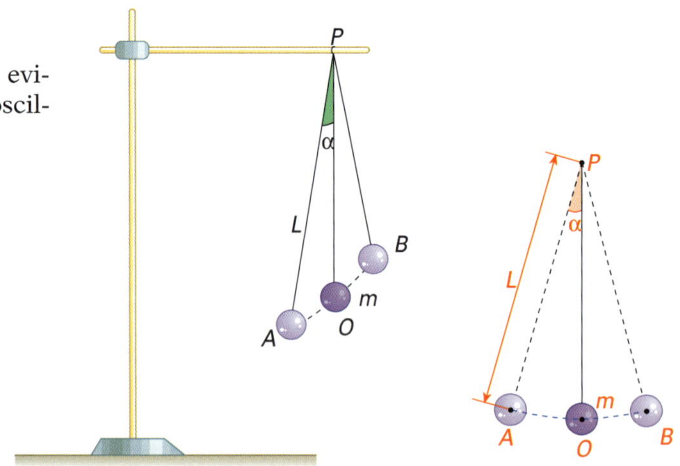

Figura 1

4 Contenuti teorici

Questo esperimento lo affrontiamo non tanto nello spirito di verificare una legge già nota, quanto di andare alla *scoperta* di ciò che caratterizza il comportamento di un pendolo semplice. Quindi, è sufficiente a questo punto dire in che cosa consista un pendolo semplice e che cos'è il moto armonico, dato che per piccole oscillazioni il pendolo si muove secondo tale moto.

5-6-7 Descrizione della prova, raccolta dei dati, elaborazione

Facciamo variare a turno una sola fra le tre grandezze (angolo di oscillazione, massa del pendolo e lunghezza del filo) che presumibilmente possono influenzare il periodo T. Misureremo ogni volta l'intervallo di tempo t necessario al completamento di cinque oscillazioni (che diviso per 5 ci darà T) e poi analizzeremo i risultati ottenuti.
(Per la determinazione dell'incertezza di T vedi ***help 1*** in fondo alla scheda).

Parte I: variazione dell'angolo di oscillazione

Fissata la lunghezza del filo: L = (.................... ± ....) ....

e fissata la massa del pendolo: m = (.................... ± ....) ....

misura il tempo di 5 oscillazioni complete e modifica quattro volte l'angolo di oscillazione, compilando la seguente tabella, in cui il periodo è $T = t/5$:

Tabella 1

	1	2	3	4	5	6
	α (°)	$\Delta x(\alpha)$ (°)	t (s)	$\Delta x(t)$ (s)	T (s)	$\Delta x(T)$ (s)
I	...	...	...	...	...	...
II	...	...	...	...	...	...
III	...	...	...	...	...	...
IV	...	...	...	...	...	...

Rispondi alle seguenti domande:

- Il periodo T può essere considerato "ragionevolmente" costante?

....

- A che cosa può essere dovuto il fatto che i tempi siano (molto/un po') diversi tra loro?

....

- Scrivi la misura di T nell'eventualità che sia possibile considerare una serie di misure i dati della colonna 5:

....

Parte II: variazione della massa

Fissata la lunghezza del filo: L = (.................... ± ....) ....

e fissato l'angolo di oscillazione: α = (.................... ± ....) ....

misura il tempo di 5 oscillazioni complete e modifica quattro volte la massa del pendolo, compilando la seguente tabella, in cui il periodo è $T = t/5$:

Tabella 2

	1	2	3	4	5	6
	m (g)	$\Delta x(m)$ (g)	t (s)	$\Delta x(t)$ (s)	T (s)	$\Delta x(T)$ (s)
I	...	...	...	...	...	...
II	...	...	...	...	...	...
III	...	...	...	...	...	...
IV	...	...	...	...	...	...

Rispondi alle seguenti domande:

- Il periodo T può essere considerato "ragionevolmente" costante?

....

- A che cosa può essere dovuto il fatto che i tempi siano (molto/un po') diversi tra loro?

....

- Scrivi la misura di T nell'eventualità che sia possibile considerare una serie di misure i dati della colonna 5:

....

- Che cosa ricavi dal confronto con i valori di T trovati nella *Parte I*?

....

Parte III: variazione della lunghezza

Fissata la massa del pendolo: m = (.................... ± ....) ....
e fissato l'angolo di oscillazione: α = (.................... ± ....) ....
misura il tempo di 5 oscillazioni complete e modifica quattro volte la lunghezza del filo, compilando la seguente tabella, in cui il periodo è $T = t/5$:

Tabella 3

	1	2	3	4	5	6
	L (m)	$\Delta x(L)$ (m)	t (s)	$\Delta x(t)$ (s)	T (s)	$\Delta x(T)$ (s)
I	...	...	...	...	...	...
II	...	...	...	...	...	...
III	...	...	...	...	...	...
IV	...	...	...	...	...	...

Rispondi alle seguenti domande:

- Il periodo T può essere considerato "ragionevolmente" costante?

....

- A che cosa può essere dovuto il fatto che i tempi siano (molto/un po') diversi tra loro?

....

- Scrivi la misura di T nell'eventualità che sia possibile considerare una serie di misure i dati della colonna 5:

....

8 Analisi dei risultati e conclusioni

- Il periodo T del pendolo semplice:
  - **non dipende** da ....;
  - **dipende** da ....
- Quale tra le seguenti leggi può essere approssimativamente valida (sulla Terra) per il pendolo semplice? (Rispondi fornendo la motivazione).

  a) $T \cong 2 \cdot \sqrt{\alpha}$ *b*) $T \cong 2 \cdot \sqrt{m}$ *c*) $T \cong 2 \cdot \sqrt{L}$ *d*) Nessuna

....

- Affinché il periodo T divenga il **doppio**, che cosa deve accadere? (Fai un esempio numerico).

....

- Affinché il periodo T divenga la **metà**, che cosa deve accadere? (Fai un esempio numerico).

....

help 1

Ti ricordiamo che l'incertezza di T la ottieni dividendo per 5 la sensibilità del cronometro: in teoria, misurando l'intervallo di tempo di 5 oscillazioni anziché di una soltanto, si suddivide l'incertezza dovuta all'errore di sensibilità del cronometro su tutte e 5 le oscillazioni:

$\Delta x(T) = \Delta x(t)/5...$

SCHEDA LAB

Il secondo principio della dinamica (relazione forza-accelerazione)

PREREQUISITI

Per affrontare la prova devi sapere:

- Che cosa sono e come si misurano la forza, l'accelerazione e la massa
- Legge oraria del moto uniformemente accelerato e formula inversa per trovare l'accelerazione
- Quali sono le conseguenze della proporzionalità diretta e inversa
- Enunciato del secondo principio della dinamica

1 Titolo

Attraverso varie modalità, ci occuperemo sostanzialmente della **Verifica del secondo principio della dinamica**.

2 Obiettivi

L'obiettivo principale, come enuncia lo stesso titolo, è:

- ottenere la conferma sperimentale della validità del secondo principio della dinamica.

E tale scopo lo possiamo perseguire verificando che:

- il rapporto tra forza e accelerazione è costante (tale costante è la massa del sistema);
- la rappresentazione grafica dell'accelerazione in funzione della forza è una retta.

Un ulteriore sviluppo, che però è bene affrontare in una prova successiva, consiste nel verificare che massa e accelerazione, se la forza è costante, sono inversamente proporzionali, per cui il loro grafico risulta un ramo di iperbole.

3a Schema e/o disegno

Il dispositivo è lo stesso utilizzato nella prova della scheda "Il moto rettilineo uniformemente accelerato", che riproduciamo nuovamente in figura 1.

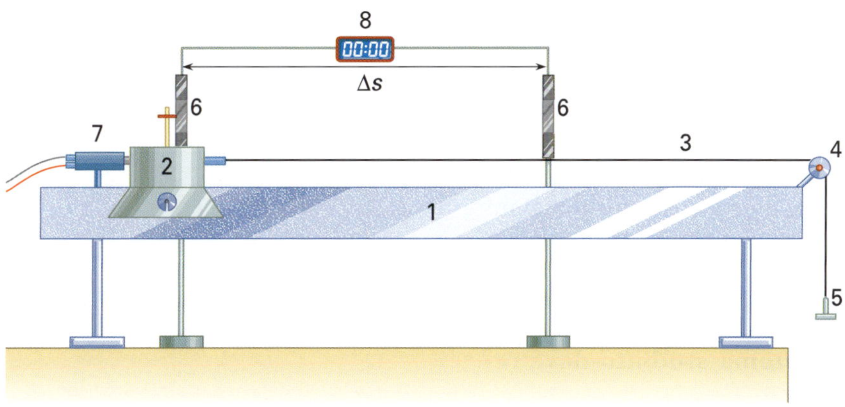

Figura 1

3b Materiale e strumenti

Il materiale e gli strumenti di cui abbiamo bisogno sono:

- guidovia a cuscino d'aria (1);
- carrello (2);
- filo inestensibile (3);
- carrucola (4);
- portapesi e pesetti (5);
- fotocellule (6);
- elettrocalamita (7);
- timer (8);
- compressore;
- asta millimetrata;
- dinamometro.

4 Contenuti teorici

L'enunciato del secondo principio della dinamica è la base teorica di questa esperienza di laboratorio, per cui si tratta di mostrare come, a partire dalla conoscenza delle due grandezze forza e accelerazione già note, viene verificata la loro diretta proporzionalità e, quindi, viene definita in modo completo una *nuova* grandezza, cioè la massa, che conoscevamo soltanto da un punto di vista operativo.

5 Descrizione della prova

Questa volta fissiamo lo spazio Δs che il carrello percorre tra le due fotocellule. Ciò che invece modifichiamo di volta in volta è il numero dei pesetti, allo scopo di modificare il valore della forza applicata. A questo punto, misurati gli intervalli di tempo impiegati a percorrere Δs, calcoliamo l'accelerazione con la formula ormai nota $a = 2 \cdot \Delta s/t^2$ e, infine, il rapporto:

$$m = \frac{F}{a} = \ldots$$

Se tutto procede come dovrebbe, troveremo che il valore di tale rapporto (che è la massa del nostro sistema formato dal carrello e dai pesi), rimane pressoché costante.

La prova è la seguente.

Fase di preparazione

Questa fase coincide con quella relativa alla prova sul moto rettilineo uniformemente accelerato (vedi la scheda "Il moto rettilineo uniformemente accelerato"). Le differenze caratterizzanti sono due.

- La distanza tra le fotocellule viene scelta una volta per tutte. Non ti conviene metterle troppo vicine l'una all'altra, affinché la misurazione di a sia più attendibile. Misuri perciò:

  $$\Delta s = s - s_0$$

  che scriverai fuori dalla tabella.
  (Per l'incertezza $\Delta x(\Delta s)$, necessaria per la scrittura della misura di Δs, vedi l'***help 1***.)
- Tramite il dinamometro, misura la forza-peso del portapesi da solo, quindi con un pesetto, poi con due ecc., fino al numero massimo di pesetti che pensi di usare, riportando i dati con i corrispondenti errori di sensibilità nelle colonne 1 e 2 della tabella 1 di pagina seguente.
- Prima di iniziare, disporrai negli appositi sostegni del carrello tutti i pesetti previsti (fig. 2). Prelevandoli uno alla volta dal carrello e mettendoli nel portapesi, otterrai un aumento progressivo della forza applicata. Ricordati che non puoi prendere altri pesi dall'esterno, perché in questo caso verrebbe meno il requisito fondamentale per il quale **la massa del sistema studiato deve restare costante**.

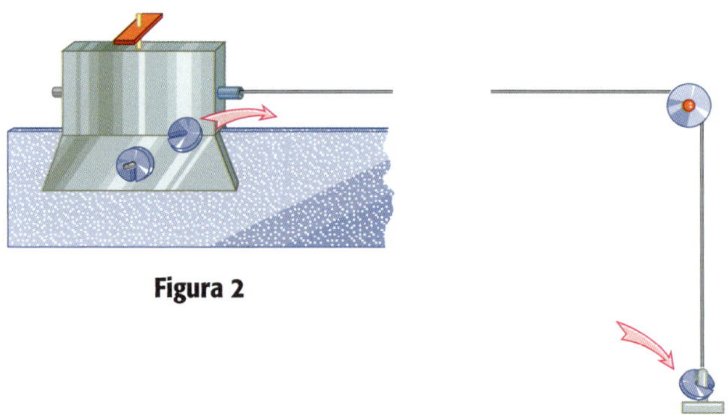

Figura 2

Fase di esecuzione

a) Apri il circuito dell'elettrocalamita: il carrello parte e attraversa entrambe le fotocellule.

b) Leggi il valore dell'intervallo di tempo sul timer.

c) Chiudi il circuito dell'elettrocalamita e rimetti il carrello nella posizione di partenza.

d) Lasciando invariata la posizione delle fotocellule, ripeti la prova altre due volte per verificare la validità del valore di t da mettere nella colonna 3. (Se dovessi ottenere dati sensibilmente diversi fra loro, considera l'***help* 2**.)

e) Una volta completata questa fase, sposta un peso dal carrello al portapesi e ripeti il procedimento dall'istruzione *a*) alla *d*).

È consigliabile fare in modo che la forza applicata tramite i pesi raddoppi, triplichi ecc., in maniera da poter vedere subito a occhio come nel frattempo si comporta l'accelerazione.

f) Ripeti l'istruzione precedente il numero di volte necessario, che dipenderà dal numero dei pesetti disposti inizialmente sul carrello.

La fase esecutiva è così conclusa.

6 Raccolta dei dati

Dati preliminari:
- distanza tra le fotocellule: $\Delta s = (0{,}800 \pm 0{,}002)$ m
- sensibilità del timer: $\Delta x(t) = 0{,}01$ s

Tabella 1

1 F (N)	2 $\Delta x(F)$ (N)	3 t (s)	4 t^2 (s^2)	5 $\Delta x(t^2)$ (s^2)	6 $a = 2 \cdot \Delta s/t^2$ (m/s^2)	7 $\Delta x(a)$ (m/s^2)	8 $F/a = m$ (kg)	9 $\Delta x(m)$ (kg)
0,10	0,01	2,38	5,66	0,05	0,282	0,003	0,35	0,04
...	...	...	...	...	...	...	...	...
...	...	...	...	...	...	...	...	...
...	...	...	...	...	...	...	...	...

Nella tabella compaiono alcuni dati come esempio per i calcoli.

7 Elaborazione

I calcoli

I procedimenti per completare le colonne 4 e 6 (con eventualmente la 5 e la 7, riguardanti le incertezze), li abbiamo visti in dettaglio nella scheda "Il moto rettilineo uniformemente accelerato". Invece, nella colonna 8 metti i risultati del rapporto fra la forza applicata e l'accelerazione del carrello:

$$m = \frac{F}{a} = \frac{0{,}10}{0{,}282} = 0{,}35461 \text{ kg} \cong 0{,}35 \text{ kg}$$

(Non dovresti trovarlo difficile, comunque il procedimento per calcolare l'incertezza $\Delta x(m)$ si trova nell'***help* 3**.)

Fatto ciò, disegna il grafico accelerazione-forza (fig. 3).

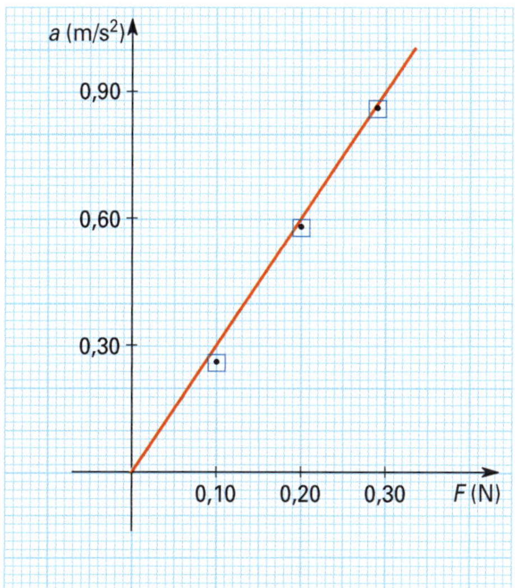

Figura 3

Il grafico

Riporta sull'asse delle x i valori delle forze misurate con il dinamometro e su quello delle y le corrispondenti accelerazioni. Individuati sul piano cartesiano i punti di tutte le coppie di valori e disegnati i rispettivi intervalli di indeterminazione, traccia la retta. Se attraversa ciascuno degli intervalli (fig. 3), allora hai trovato che a è proporzionale a F.

8 Analisi dei risultati e conclusioni

Se i valori del rapporto F/a sono fra loro abbastanza vicini (ovvero, se nel grafico hai trovato una retta che, oltre a passare per l'origine degli assi, attraversa tutti gli intervalli sperimentali), allora puoi concludere di avere verificato il secondo principio della dinamica, in quanto esso in sostanza afferma che la forza applicata a un sistema e l'accelerazione che questo manifesta sono direttamente proporzionali. Se, invece, i dati sono significativamente diversi fra loro (o se la retta non passa per tutti gli intervalli), allora potrebbero essersi verificati i seguenti problemi:

- la guidovia non era perfettamente orizzontale;
- l'attrito fra guidovia e carrello è risultato condizionante, soprattutto nella fase iniziale nella quale il carrello era caricato con un rilevante numero di pesi.

help 1

Quando calcoli Δs, tieni presente che la sua incertezza è data dalla somma delle incertezze di s e di s_0, cioè l'errore di sensibilità dell'asta millimetrata (che di solito è 1 mm):

$$\Delta x(\Delta s) = \Delta x(s) + \Delta x(s_0) = 0{,}001 + 0{,}001 = 0{,}002 \text{ m}$$

help 2

Se supponiamo di avere ottenuto i valori 0,35 s, 0,34 s, 0,36 s, allora possiamo considerare le misure accettabili, in quanto quelle fluttuazioni rientrano nei limiti dell'errore di sensibilità del timer (in questo caso 0,01 s), e scrivere perciò:

$$\Delta t = (0{,}35 \pm 0{,}01) \text{ s}$$

Se, invece, dopo prove ripetute continuiamo a ottenere valori più dispersi, quali 0,35 s, 0,39 s, 0,37 s, in tal caso dovremo prendere come valore della misura il valore medio e come incertezza l'errore massimo:

$$\Delta t_M = \frac{0{,}35 + 0{,}39 + 0{,}37}{3} = 0{,}37 \text{ s} \qquad \Delta x(\Delta t) = \frac{0{,}39 - 0{,}35}{2} = 0{,}02 \text{ s}$$

Per cui avremo: $\Delta t = (0{,}37 \pm 0{,}02)$ s.

help 3

L'incertezza del rapporto F/a, cioè della massa, è la seguente:

$$\Delta x(m) = [\varepsilon_r(F) + \varepsilon_r(a)] \cdot m = \left[\frac{\Delta x(F)}{F} + \frac{\Delta x(a)}{a}\right] \cdot m = \left[\frac{0{,}01}{0{,}10} + \frac{0{,}003}{0{,}282}\right] \cdot 0{,}35461 =$$

$$= [0{,}1 + 0{,}01064] \cdot 0{,}35461 = 0{,}11064 \cdot 0{,}35461 = 0{,}03923 \cong 0{,}04 \text{ kg}$$

Per cui:

$$m = (0{,}35 \pm 0{,}04) \text{ kg}$$

SCHEDA LAB

Il secondo principio della dinamica (relazione massa-accelerazione)

PREREQUISITI

Per affrontare la prova devi sapere:

- Definizione di massa e sua unità di misura
- Definizione e unità di misura di forza e accelerazione
- Legge oraria del moto rettilineo uniformemente accelerato
- Enunciato del secondo principio della dinamica

1 Titolo

La prova costituisce un completamento della parte trattata nella scheda "Il secondo principio della dinamica: relazione forza-accelerazione", quindi il titolo può essere esplicitato come segue: **Il secondo principio della dinamica: relazione tra massa e accelerazione**.

2 Obiettivi

Avendo a questo punto probabilmente già visto in quale maniera cambia l'accelerazione, con massa del corpo costante, al cambiare della forza applicata, si vuole adesso vedere che cosa accade all'accelerazione quando, lasciando invariata la forza che agisce sul corpo, la massa di quest'ultimo si modifica. Oltre a mettere così in luce tutti gli aspetti del secondo principio, questo approccio sperimentale è utile e proficuo per consolidare, o magari affrontare concretamente per la prima volta, le conoscenze e le competenze collegate alla proporzionalità inversa.

3a Schema e/o disegno

Lo schema (vedi figura 1) è del tutto simile a quello della prova in cui si è verificata la diretta proporzionalità tra F e a (con m costante).

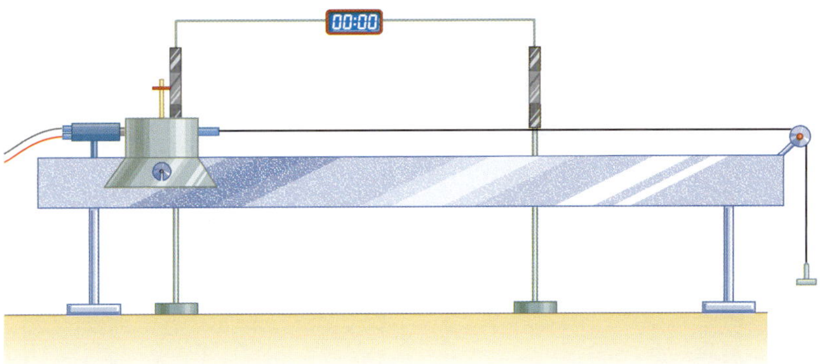

Figura 1

3b Materiale e strumenti

Il materiale e gli strumenti per eseguire la prova sono:
- guidovia a cuscino d'aria (completa dei vari componenti);
- pesetti;
- timer;
- asta millimetrata;
- bilancia e dinamometro.

4 Contenuti teorici

Se questa prova è la seconda sull'argomento esaminato, allora l'esposizione dei concetti teorici può essere limitata al solo elemento di novità, costituito dall'analisi dell'andamento dell'accelerazione in funzione della massa. Puoi accennare alla proporzionalità inversa, secondo la relazione deducibile dall'espressione matematica del secondo principio:

$$a = \frac{F}{m}$$

e illustrarne le conseguenze, magari anche a livello grafico, per avere elementi utili per le considerazioni finali.

5 Descrizione della prova

a) Misura con un dinamometro la forza applicata dai pesetti (che resteranno invariati durante la prova).

b) Disponi la prima fotocellula subito a ridosso del carrello affinché il conteggio del tempo inizi non appena parte il carrello stesso: in tal caso è possibile calcolare l'accelerazione come $a = 2 \cdot \Delta s/t^2$. Dopo avere posizionato la seconda fotocellula a una certa distanza dall'altra, misura la distanza tra di esse, che ti darà lo spazio percorso Δs (che rimarrà costante).

c) A carrello scarico, apri il circuito dell'elettrocalamita e, dopo il suo passaggio oltre la fotocellula più lontana, leggi l'intervallo di tempo sul timer.

d) Ripeti la misurazione, aggiungendo ogni volta al carrello almeno due pesetti (uno da 25 g per lato), per cui la massa m del sistema aumenta.

N.B. Ricorda che nella massa del sistema vanno inclusi anche i pesetti che trascinano il carrello e il suo carico!

6 Raccolta dei dati

Fuori dalla tabella riporta i dati che non cambiano, cioè la forza F dovuta ai pesetti e la distanza Δs percorsa dal carrello:

$F = (0{,}25 \pm 0{,}01)$ m $\qquad \Delta s = (0{,}800 \pm 0{,}002)$ m

Tabella 1

1	2	3	4	5	6	7
m (kg)	$\Delta x(m)$ (kg)	t (s)	$\Delta x(t)$ (s)	$a = 2 \cdot \Delta s/t^2$ (m/s²)	$m \cdot a$ (N)	$\Delta x(m \cdot a)$ (N)
0,225	0,001	1,20	0,01	1,11	0,250	0,006
0,275	0,001	1,33	0,01	...	...	...
...	...	...	...	...	...	...

7 Elaborazione

Il calcoli prevedono la determinazione dell'accelerazione a con la formula indicata nella prima riga della colonna 5 (per vedere come essa diminuisca all'aumentare di m) e del prodotto $m \cdot a$, che dovrebbe rimanere costante, se è vero che accelerazione e massa sono inversamente proporzionali:

$$a = \frac{2 \cdot \Delta s}{t^2} = \frac{2 \cdot 0{,}800}{1{,}20^2} = \ldots\ldots \qquad m \cdot a = 0{,}225 \cdot 1{,}11 = \ldots\ldots$$

Evidentemente, il valore di $m \cdot a$ sarà molto vicino a quello di F misurato con il dinamometro... (Se necessario, è possibile calcolare l'incertezza seguendo i suggerimenti dell'***help 1***.)
Nell'eventualità che le misurazioni siano almeno quattro, diventa interessante tracciare il grafico (m, a), mettendo la massa m sull'asse x e l'accelerazione sull'asse y. Ottieni in tal modo come curva un ramo di iperbole.

8 Analisi dei risultati e conclusioni

Si valuta se massa e accelerazione sono inversamente proporzionali, verificando la prossimità fra loro dei prodotti $m \cdot a$ della colonna 6 e l'andamento secondo un ramo di iperbole del grafico. Analogamente all'altra prova sul secondo principio della dinamica, i fattori che possono condizionare la riuscita della verifica sperimentale sono:

- l'attrito;
- una pendenza non rilevata della guidovia.

help 1

L'incertezza del prodotto $m \cdot a$ (senza passare attraverso quello dell'accelerazione) può essere trovata direttamente tramite la formula:

$$\Delta x(m \cdot a) = \left[\frac{\Delta x(m)}{m} + \frac{\Delta x(\Delta s)}{\Delta s} + 2 \cdot \frac{\Delta x(t)}{t}\right] \cdot (m \cdot a)$$

SCHEDA LAB

Il piano inclinato

PREREQUISITI

Per affrontare la prova devi sapere:

- Definizione e unità di misura della forza
- Significato di forza peso
- Come si trovano le componenti in una forza secondo direzioni prefissate

1 Titolo

Tra le due possibilità di determinare la componente parallela al piano inclinato (che è quella attiva) oppure quella perpendicolare della forza peso, scegliamo la prima, per cui il titolo sarà: **Determinazione della componente attiva della forza peso nel piano inclinato**.

2 Obiettivi

Con questa prova ci si prefigge di misurare il modulo della componente parallela della forza peso nel caso del piano inclinato e di confrontarla con il suo valore teorico.

3a Schema e/o disegno

Nella figura 1 viene riprodotta una modalità classica per l'effettuazione della prova, che consente il lavoro simultaneo di vari gruppi. (Altrimenti, nell'eventualità di prova da banco, si può utilizzare anche la guidovia a cuscino d'aria.)

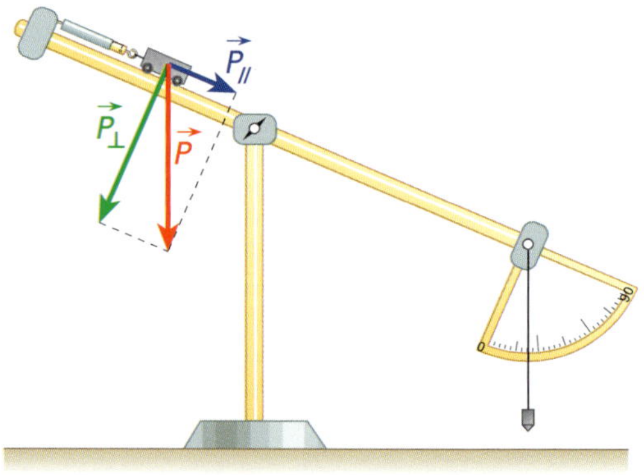

Figura 1

3b Materiale e strumenti

In linea di massima l'occorrente è costituito da:

- asta di supporto (e relativi morsetti);
- carrellino;
- asta metallica e livella;
- filo a piombo con pesetto;
- metro a nastro e goniometro;
- goniometro d'acciaio;
- dinamometro.

4 Contenuti teorici

I possibili argomenti da sviluppare a livello di introduzione teorica dell'argomento trattato sono la scomposizione dei vettori in generale, e delle forze in particolare, secondo direzioni prestabilite; quindi, il significato della componente $\vec{P}_{//}$ della forza peso $\vec{P}$ lungo la direzione parallela al piano inclinato di lunghezza l e altezza h, il cui modulo è:

$$P_{//} = \frac{h}{l} \cdot P$$

5 Descrizione della prova

a) Come prima cosa, misura con il metro flessibile la lunghezza dell'asta metallica e con il dinamometro il modulo P della forza peso del carrello, che restano invariati durante l'esecuzione della prova.

b) Disponi l'asta metallica accertandoti, tramite la livella, che sia perfettamente orizzontale.

c) A una sua estremità fissi il dinamometro; all'altra estremità disponi il goniometro d'acciaio e verifica che il filo a piombo indichi il valore 0° dello strumento.

d) A questo punto inclina l'asta metallica di un certo angolo (per esempio 15°, con l'aiuto del goniometro e del filo a piombo), controlla l'azzeramento del dinamometro, agganciagli il carrellino e leggi nella scala graduata il valore sperimentale di $P_{//}$ (che indicheremo con $P_{//S}$, distinguendolo da quello teorico $P_{//T}$).

N.B. Quando si incrementa l'inclinazione per fare un'altra misurazione, bisogna preoccuparsi di azzerare correttamente il dinamometro scarico nella nuova posizione.

6 Raccolta dei dati

In tabella 1, per semplicità, non conviene riportare l'errore di sensibilità del goniometro e i dati costanti (cioè il modulo della forza peso del carrello P e la lunghezza l dell'asta metallica), scritti all'esterno.

$P = (1{,}89 \pm 0{,}01)$ N $\qquad l = (0{,}750 \pm 0{,}001)$ m

Tabella 1

α (°)	$P_{//S}$ (N)	$\Delta x(P_{//S})$ (N)	h (m)	$\Delta x(h)$ (m)	$P_{//T} = (h/l) \cdot P$ (N)	$\Delta x(P_{//T})$ (N)
15	0,48	0,01	0,200	0,005	0,50	0,02
...	...	...	...	...	...	...
...	...	...	...	...	...	...

7 Elaborazione

Determini graficamente l'altezza h del piano inclinato (vedi figura 2), riportando in scala (1 a 10...) la lunghezza l, quindi calcoli il valore teorico $P_{//T}$ della componente cercata della forza peso:

$$P_{//T} = \frac{h}{l} \cdot P = \frac{0{,}200}{0{,}750} \cdot 1{,}89 = \ldots\ldots$$

(Per trovare l'incertezza, vedi ***help 1***).

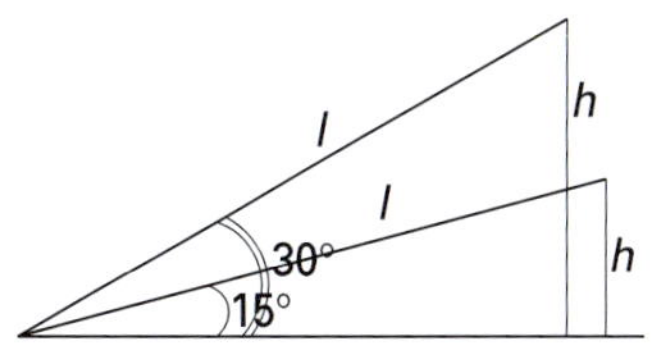

Figura 2

8 Analisi dei risultati e conclusioni

La vicinanza tra i valori di $P_{//S}$ e $P_{//T}$ decide dell'attendibilità della verifica sperimentale. Fra i fattori che possono risultare condizionanti, a parte quelli tecnici che in parte vengono aggirati operando con accuratezza, si può considerare:

- l'attrito volvente tra le ruote del carrellino e l'asta metallica che funge da piano inclinato.

help 1

Se devi procedere anche con le incertezze, per h trovato in modo grafico puoi considerare prudenzialmente come incertezza 0,5 cm (cioè 0,005 m). Dopodiché:

$$\Delta x(P_{//T}) = \left[\frac{\Delta x(h)}{h} + \frac{\Delta x(l)}{l} + \frac{\Delta x(P)}{P}\right] \cdot P_{//T}$$

SCHEDA LAB

Il lavoro e il teorema delle *forze vive*

PREREQUISITI

Per affrontare la prova devi sapere:

- Legge oraria del moto rettilineo uniformemente accelerato
- Definizione di lavoro e di energia cinetica

1 Titolo

Qui ci occupiamo del lavoro e di un importante teorema collegato a tale concetto. Intitoliamo la prova: **Il lavoro e il teorema delle forze vive**.

2 Obiettivi

Da una parte vogliamo calcolare il lavoro che si compie durante una semplice azione come il sollevamento di un oggetto. Dall'altra, verificare il legame tra il lavoro e la variazione dell'energia cinetica (teorema delle forze vive).

3a Schema e/o disegno

Per il primo obiettivo, puoi riprodurre un disegno analogo a quello riportato in figura 1 o che, comunque, illustri l'azione effettiva da te svolta.
Per il secondo obiettivo il disegno, se ti è stato richiesto, è nuovamente la guidovia a cuscino d'aria secondo la disposizione già studiata nella scheda "Il secondo principio della dinamica (relazione forza-accelerazione)".

Figura 1

3b Materiale e strumenti

A parte tutto quello che riguarda la guidovia, hai bisogno di:

- metro a nastro;
- dinamometro;
- oggetto a piacere o un peso da sollevare.

4 Contenuti teorici

Devi esporre il concetto di lavoro, evidenziando magari la differenza tra lavoro motore e resistente, e dire qual è la sua unità di misura. Dopodiché, puoi parlare del collegamento tra lavoro ed energia, con particolare riferimento all'energia cinetica e, quindi, del **teorema delle forze vive**.

5-6-7 Descrizione della prova, raccolta dei dati, elaborazione

In questa prova calcoleremo il lavoro, per vedere come dipende dalla forza e dallo spostamento e per confrontarlo con la variazione di energia cinetica, senza fare ricorso alle incertezze, in modo da focalizzare l'attenzione sugli aspetti sostanziali.

Parte I: il lavoro

Vediamo qual è l'entità del lavoro che viene compiuto in una situazione molto comune, come quella di sollevare un peso (fig. 1).

a) Azzera correttamente il dinamometro, tenendolo nella posizione verticale di utilizzo.

b) Disponi sul pavimento un oggetto di tua scelta al quale poter agganciare il dinamometro.

c) Solleva lentamente l'oggetto con il dinamometro, assicurandoti che non venga superata la portata dello strumento.

d) Fermandoti se necessario, leggi sul dinamometro il valore della forza F applicata da te verso l'alto e riportalo in tabella 1 nella prima colonna.

e) Appoggia l'oggetto su una sedia e misura, quindi, verticalmente lo spazio s tra il pavimento e il ripiano della sedia, riportandone il valore in tabella nella seconda colonna.

f) Esegui nuovamente queste operazioni con un percorso s maggiore, sfruttando per esempio il tavolo.

g) Ripeti le due misurazioni precedenti, questa volta con un oggetto più pesante.

Ora puoi completare la tabella a fianco.

h) Nella terza colonna devi riportare il calcolo del lavoro nei diversi casi:

$$L = F \cdot s$$

Tabella 1

1	2	3
F (N)	s (m)	$L = F \cdot s$ (J)

Completa le frasi e rispondi alle domande

Per le considerazioni che seguono, ragiona sui dati presenti in tabella 1.

- Quando forza e spostamento sono paralleli e concordi, a parità di forza applicata F, il lavoro L è (direttamente/inversamente) .... proporzionale rispetto allo spostamento s.
- Quando forza e spostamento sono paralleli e concordi, a parità di spostamento s, il lavoro L è (direttamente/inversamente) .... proporzionale rispetto alla forza applicata F.
- Mentre tieni sollevato, ma fermo, l'oggetto per un minuto, quanto lavoro fai? ....
- E se lo sposti in senso orizzontale, quanto lavoro compie la forza con cui lo tieni sollevato? ....

Parte II: le forze vive

Qui facciamo ricorso alla guidovia a cuscino d'aria nella stessa configurazione riportata nella figura 1 della scheda "Il secondo principio della dinamica (relazione forza-accelerazione)" (a cui ti rinviamo).

a) Tramite il dinamometro misura la forza-peso del portapesi e dei pesetti eventualmente in esso collocati. Tale forza F, costante durante la prova, la scrivi nella colonna 1 della tabella 2.

b) Disponi la prima fotocellula facendo sì che il conteggio del tempo inizi non appena il carrello parte, quindi posiziona la seconda fotocellula e misura lo spazio s che separa le due fotocellule, riportandolo nella seconda colonna della tabella 2. (Per semplicità indichiamo tale spazio con s anziché con Δs, come fatto in precedenza.)

c) Apri il circuito dell'elettrocalamita e leggi sul timer il valore dell'intervallo di tempo t impiegato dal carrello a raggiungere la seconda fotocellula. Inserisci il valore di t nella colonna 3.

d) Aumenta la distanza s tra le fotocellule e ripeti la misurazione dell'intervallo di tempo t, trascrivendo le due misure nella seconda e terza colonna rispettivamente della tabella 2.

L'elaborazione di questi dati richiede una particolare attenzione da parte tua, pur avendo adoperato la guidovia in maniera tale da rendere più agevoli i calcoli.

Tabella 2

1	2	3	4	5	6
F (N)	s (m)	t (s)	$v = 2 \cdot s/t$ (m/s)	$E_C = (1/2)\, m \cdot v^2$ (J)	$L = F \cdot s$ (J)
...	...	...	...	...	...
...	...	...	...	...	...
...	...	...	...	...	...
...	...	...	...	...	...

e) Il calcolo del lavoro della forza peso costante, che grazie a filo e carrucola è stata trasformata in forza orizzontale, sfruttata per portare il carrello da una fotocellula all'altra, è semplicemente:

$$L = F \cdot s$$

Questi valori li metti nell'ultima colonna della tabella.

f) Nel caso di partenza da fermo con posizione iniziale nulla, combinando la legge oraria del moto rettilineo uniformemente accelerato e la corrispondente relazione della velocità istantanea, si trova per la velocità con cui il carrello passa attraverso la seconda fotocellula:

$$v = a \cdot t, \quad \text{ma } a = \frac{2s}{t^2} \quad \Rightarrow \quad v = \frac{2 \cdot s}{t}$$

I risultati li puoi inserire nella colonna 4.

g) Dato che la velocità iniziale è nulla, risulta nulla anche l'energia cinetica iniziale. Di conseguenza la variazione di energia cinetica corrisponde esattamente all'energia cinetica finale, che puoi calcolare, come:

$$E_C = \frac{1}{2} m \cdot v^2$$

I risultati li trascrivi nella colonna 5.

Completa le frasi e rispondi alle domande

Confronta i dati delle ultime due colonne, ricordando che nella colonna 5 hai in realtà una variazione di energia cinetica, che però è uguale all'energia cinetica finale, in quanto quella iniziale è nulla (a causa del fatto che il carrello è inizialmente fermo).

- La variazione di energia cinetica e il lavoro compiuto sul carrello dalla forza che ne ha determinato la spinta sono (uguali/diversi) ...., (confermando/non confermando) il teorema delle forze vive.
- Ciò significa che il lavoro compiuto su un corpo può provocare un aumento della sua .... e, viceversa, una diminuzione di quest'ultima se il lavoro viene compiuto dal corpo stesso.
- Quale collegamento possiamo trovare tra i concetti di energia e lavoro? ....
....

8 Analisi dei risultati e conclusioni

Dal momento che, rispondendo alle domande riportate in precedenza, hai praticamente fatto già un'analisi dei risultati ottenuti, qui potresti ribadire sinteticamente in che maniera cambia il lavoro al cambiare della forza applicata e dello spostamento e quali conseguenze si possono trarre dal teorema delle forze vive.

SCHEDA LAB

La conservazione dell'energia meccanica

PREREQUISITI

Per affrontare la prova devi sapere:

- Che cosa sono e come si misurano la massa e la velocità
- Significato dell'accelerazione di gravità
- Definizioni di energia cinetica, energia potenziale gravitazionale ed energia meccanica
- Enunciato del principio di conservazione dell'energia meccanica

1 Titolo

Possiamo intitolare la prova: **Verifica del principio di conservazione dell'energia meccanica**.

2 Obiettivi

In questa esperienza ci proponiamo di ottenere una conferma del fatto che, in assenza di fenomeni dissipativi, l'energia meccanica di un sistema isolato nel corso di un qualunque fenomeno fisico si conserva. Faremo riferimento, dal momento che abbiamo già ampiamente illustrato il dispositivo, alla guidovia a cuscino d'aria. Misureremo l'energia meccanica totale del sistema costituito dal carrello e dai pesi quando è fermo e quando ha acquistato una certa velocità. Vedremo quindi se le due quantità con le relative incertezze presentano compatibilità, cioè soddisfano il principio.

3a Schema e/o disegno

Il dispositivo coincide con quello relativo alla scheda "Il moto rettilineo uniforme" (fig. 1).

3b Materiale e strumenti

L'elenco del materiale e degli strumenti è il seguente:

- guidovia a cuscino d'aria (1);
- carrello (2);
- filo inestensibile (3);
- carrucola (4);
- portapesi e pesetti (5);
- fotocellule (6);
- piattello (7);
- elettrocalamita (8);
- timer (9);
- compressore;
- asta millimetrata;
- bilancia.

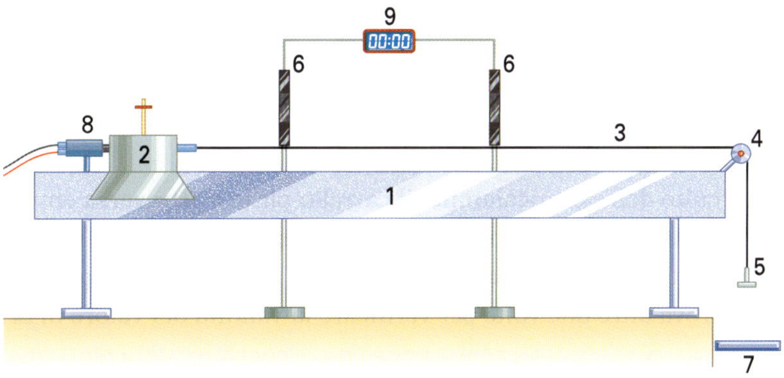

Figura 1

8 Analisi dei risultati e conclusioni

Se si può ritenere che, nei limiti degli errori sperimentali, si abbia effettivamente

$$E_{M1} \cong E_{M2}$$

allora la conclusione è che il principio di conservazione dell'energia meccanica sia stato sostanzialmente verificato. In effetti, se calcoliamo lo scostamento in percentuale, con i nostri dati campione troviamo:

$$\frac{|E_{M1} - E_{M2}|}{E_{M1}} \cdot 100 = \frac{|0{,}053 - 0{,}051|}{0{,}053} \cdot 100 \cong 3{,}8\%$$

che è certamente accettabile.
Se sono stati calcolati anche gli intervalli di indeterminazione di E_{M1} ed E_{M2}, allora basta controllare che si abbia la compatibilità fra i due risultati (fig. 3).

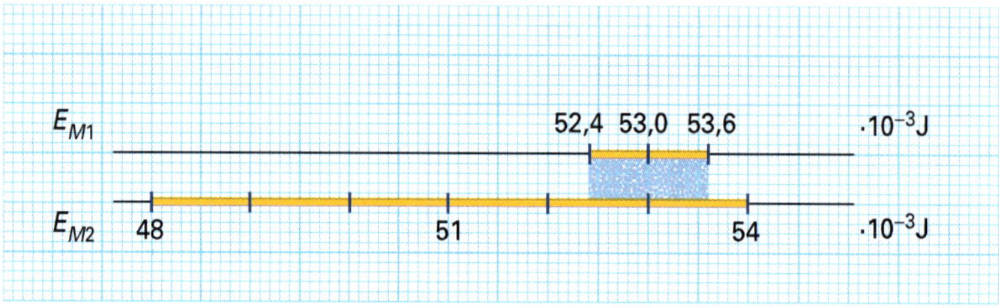

Figura 3

Se ciò che è stato ottenuto non è soddisfacente, bisogna cercare le cause che hanno portato a un esito sfavorevole. Nella prova che abbiamo analizzato, può verificarsi che il valore della velocità finale del sistema, a causa degli attriti, sia inferiore alla velocità teorica, fornendo un'energia cinetica più bassa di quella prevista.

help 1

Vediamo come si calcola l'incertezza di E_{M1}:

$$\Delta x(E_{M1}) = [\varepsilon_r(m_P) + \varepsilon_r(g) + \varepsilon_r(h_1)] \cdot E_{M1} = \left[\frac{\Delta x(m_P)}{m_P} + \frac{\Delta x(g)}{g} + \frac{\Delta x(h_1)}{h_1}\right] \cdot E_{M1} =$$

$$= \left[\frac{0{,}0001}{0{,}0200} + \frac{0{,}01}{9{,}81} + \frac{0{,}001}{0{,}270}\right] \cdot 0{,}05297 = 0{,}00972 \cdot 0{,}05297 = 0{,}00051 \cong 0{,}0006 \text{ J}$$

La scrittura dell'energia meccanica iniziale è:

$$E_{M1} = (0{,}0530 \pm 0{,}0006) \text{ J} = (53{,}0 \pm 0{,}6) \cdot 10^{-3} \text{ J}$$

help 2

Troviamo l'incertezza di E_{M2}. Se indichiamo con m_T la somma fra m_C ed m_P, abbiamo:

$$\Delta x(m_T) = \Delta x(m_C) + \Delta x(m_P) = 0{,}1 + 0{,}1 = 0{,}2 \text{ g} \qquad m_T = (309{,}5 \pm 0{,}2) \text{ g}$$

Per evitare poi di calcolare l'incertezza di v_2, che non ci serve, dato che l'energia meccanica non è altro che:

$$E_{M2} = \frac{1}{2} m_T \cdot v_2^2 \quad \Rightarrow \quad E_{M2} = \frac{1}{2} m_T \cdot \left(\frac{\Delta s}{\Delta t}\right)^2$$

possiamo procedere così:

$$\Delta x(E_{M2}) = [\varepsilon_r(m_T) + 2\varepsilon_r(\Delta s) + 2\varepsilon_r(\Delta t)] \cdot E_{M2} = \left[\frac{\Delta x(m_T)}{m_T} + 2 \cdot \frac{\Delta x(\Delta s)}{\Delta s} + 2 \cdot \frac{\Delta x(\Delta t)}{\Delta t}\right] \cdot E_{M2} =$$

$$= \left[\frac{0{,}0002}{0{,}3095} + 2 \cdot \frac{0{,}002}{0{,}550} + 2 \cdot \frac{0{,}02}{0{,}96}\right] 0{,}05079 = 0{,}04959 \cdot 0{,}05079 = 0{,}00252 \cong 0{,}003 \text{ J}$$

La scrittura dell'energia meccanica iniziale è:

$$E_{M2} = (0{,}051 \pm 0{,}003) \text{ J} = (51 \pm 3) \cdot 10^{-3} \text{ J}$$

SCHEDA LAB

Dal termoscopio al termometro

PREREQUISITI

Per affrontare la prova devi sapere:

- Che cos'è la temperatura
- Quali sono i punti fissi della scala Celsius
- Funzionamento dei termometri ad alcol
- Che cosa significa taratura
- Concetto di equilibrio termico

1 Titolo

In questa prova di laboratorio l'approccio è un po' diverso da quelli precedenti, poiché l'intento è sostanzialmente quello di costruire uno strumento di misura. Come titolo possiamo scrivere: **Taratura di un termoscopio**.

2 Obiettivi

Con questa prova vogliamo effettuare la taratura di un termoscopio, cioè effettuare tutti quei passaggi necessari per trasformare un dispositivo che rivela solo qualitativamente il cambiamento di temperature (il *termoscopio*, fig. 1) in uno strumento di misura (il *termometro*) secondo la scala Celsius. Una volta trovata la relazione che lega fra loro determinate grandezze fisiche, nello specifico la variazione di temperatura con la variazione di volume, con il nostro termometro determineremo la temperatura di un corpo o di una sostanza.

3a Schema e/o disegno

La figura 2 mostra la disposizione generica dell'attrezzatura, mentre la sequenza dei disegni riportata in figura 3 sintetizza le fasi principali, che verranno poi illustrate nella descrizione della prova sperimentale.

Figura 1

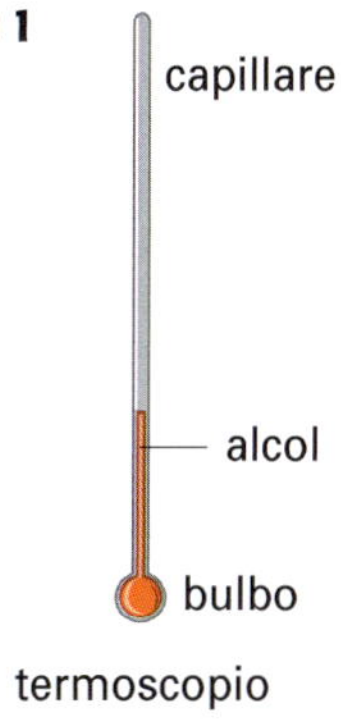

Figura 2

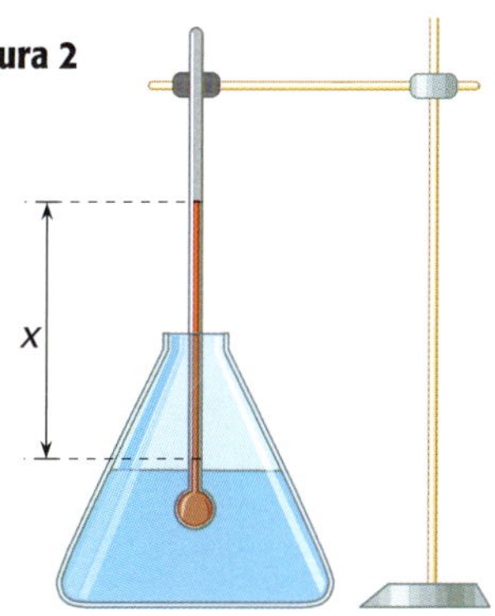

Figura 3

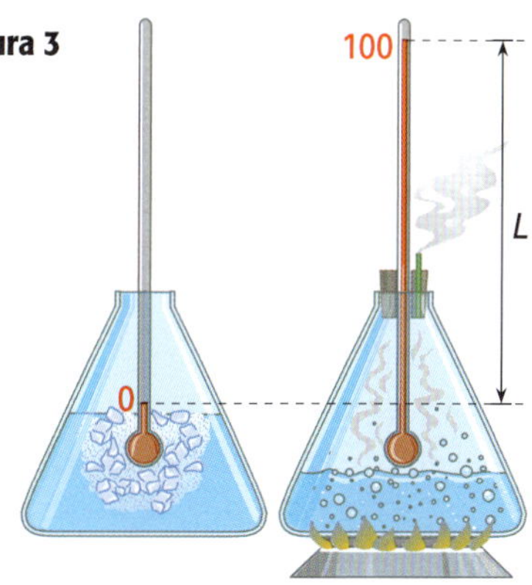

3b Materiale e strumenti

Il materiale e gli strumenti necessari in questa prova sono:

- asta di supporto e morsetti;
- nastro adesivo colorato;
- fornello (di qualunque tipo);
- ghiaccio;
- matraccio dotato di tappo con foro per il termometro;
- termoscopio;
- asta millimetrata.

4 Contenuti teorici

L'argomento fondamentale della prova è il concetto macroscopico di temperatura e le modalità con le quali si evidenzia la sua variazione, non essendo possibile una misurazione diretta di tale grandezza. Dopo aver detto che cos'è da un punto di vista operativo la temperatura, avendo messo quest'ultima in relazione con lo stato termico dei corpi, puoi parlare del significato dei punti fissi dell'acqua e dell'aspetto convenzionale della scelta della scala di temperatura.

5 Descrizione della prova

L'illustrazione della prova, oltre alla sintesi essenziale delle fasi che hanno scandito l'esecuzione pratica, deve in particolare mettere in evidenza la delicatezza della rilevazione del livello di alcol all'atto della fusione del ghiaccio, così come dell'ebollizione dell'acqua, utilizzati quali punti fissi per l'operazione di taratura.
Ciò che ti accingi a fare è:

- segnare come 0 °C il livello che raggiunge l'alcol quando il termoscopio viene messo nella miscela di ghiaccio e acqua, e come 100 °C il livello nel caso dell'acqua bollente;
- misurare con un'asta graduata la distanza L fra i due livelli;
- mettere il termoscopio a contatto con un altro corpo e, misurato il nuovo livello l rispetto allo 0, ricavare la temperatura corrispondente con una semplice proporzione:

$$t : l = 100 : L \quad \Rightarrow \quad t = \frac{l}{L} \cdot 100$$

Adesso, puoi passare all'azione.

a) Monta il dispositivo di supporto per il termoscopio, fissando quest'ultimo con una guarnizione di protezione.

b) Prepara la miscela di ghiaccio e acqua, mescolando con cura e aspettando alcuni minuti, affinché il ghiaccio e il liquido raggiungano l'equilibrio termico.

c) Immergi il bulbo del termoscopio nella miscela e attendi alcuni minuti, sino a quando il livello dell'alcol, che intanto sarà sceso, non si stabilizza.

d) Estrai il termoscopio e segna il livello relativo al primo punto con un striscia di nastro adesivo, scrivendoci sopra 0 °C. Dopodiché rimettilo nel matraccio.

e) Accendi il fornello sotto il contenitore e aspetta che tutto il ghiaccio si sia sciolto e che, alla fine, l'acqua cominci la fase di ebollizione. (Cerca di sistemare il bulbo appena sopra la superficie dell'acqua bollente e fai in modo che il vapore non sfiati troppo rapidamente.)

f) Dopo aver aspettato alcuni minuti, quando il livello dell'alcol si è stabilizzato, marcalo con il nastro adesivo, indicando il valore 100 °C.

g) Spento il fornello e tolto il termoscopio dall'acqua, misura la distanza tra i due segni con l'asta millimetrata. Per esempio, potresti avere (il valore è puramente indicativo):

$$L = (22{,}5 \pm 0{,}1)\ \text{cm}$$

h) Metti il termoscopio a contatto con un altro liquido oppure lascialo per un po' di tempo esposto all'aria dell'ambiente (cioè del laboratorio in cui ti trovi).

i) Rileva sul termoscopio il livello raggiunto dall'alcol, sempre rispetto allo 0 °C:

$$l = (6{,}1 \pm 0{,}1)\ \text{cm}$$

l) Misura con un termometro disponibile il valore della temperatura dell'ambiente, che supponiamo essere, se l'errore di sensibilità è di 0,5 °C:

$$t_{termometro} = (26{,}5 \pm 0{,}5)\ °\text{C}$$

La fase esecutiva è terminata.

6 Raccolta dei dati

In questo caso non serve una tabella, in quanto una ripetizione, pure auspicabile, dell'esperimento, richiederebbe troppo tempo. È sufficiente, perciò, raccogliere i dati in buon ordine, ricordando che lo scopo è quello di misurare una temperatura qualunque t:

$L = (22,5 \pm 0,1)$ cm	distanza 0 – 100 °C
$l = (6,1 \pm 0,1)$ cm	distanza 0 – t °C
$t_{termometro} = (26,5 \pm 0,5)$ °C	temperatura misurata con un altro termometro (scala Celsius)

7 Elaborazione

L'elaborazione dei dati comporta semplicemente il calcolo di t come riportato nelle pagine precedenti:

$$t = \frac{l}{L} \cdot 100 = \frac{6,1}{22,5} \cdot 100 = 27,11111\ °C \qquad \text{cioè:} \qquad t = 27,1\ °C$$

Se devi calcolare l'incertezza di t, puoi eseguire i passaggi riportati nell'***help 1***.

8 Analisi dei risultati e conclusioni

Se non hai calcolato la propagazione degli errori per t, allora valuterai la riuscita della prova in base alla prossimità tra il valore di t e quello di $t_{termometro}$. Un modo per effettuare tale valutazione può essere quello di calcolare lo scostamento in percentuale di t rispetto a $t_{termometro}$. Con i nostri dati dimostrativi, avremo:

$$\frac{|t - t_{termometro}|}{t_{termometro}} \cdot 100 = \frac{27,1 - 26,5}{26,5} \cdot 100 = 2,3\%$$

Il risultato può essere ritenuto positivo quando, per esempio, in base alla possibilità di fare misurazioni accurate, è minore o uguale al 5%.
Se, al contrario, hai dovuto calcolare anche le incertezze di t, allora basterà verificare la compatibilità fra i due intervalli di indeterminazione, quelli di t e di $t_{termometro}$, controllando che si sovrappongano almeno parzialmente e che presentino dei valori in comune (fig. 3).
Per cui scriverai: «La prova è/non è riuscita in quanto vi è/non vi è compatibilità fra gli intervalli di indeterminazione...».
Tra le cause che possono avere provocato dei problemi, segnaliamo:

- valore della temperatura della miscela ghiaccio-acqua un po' più alta di 0 °C;
- temperatura dell'acqua bollente inferiore a 100 °C a causa della necessità di fare fuoriuscire una parte del vapore dal matraccio.

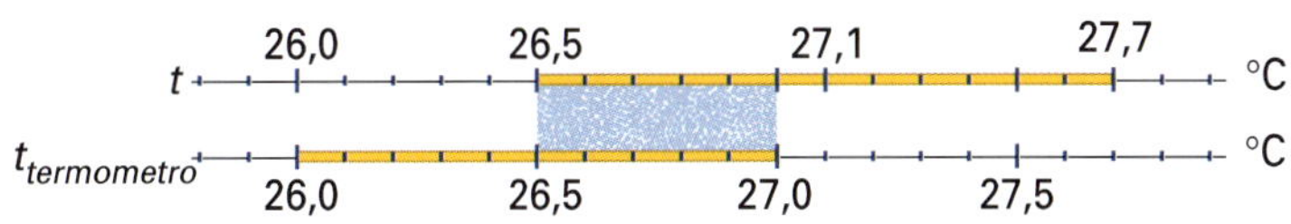

Figura 3

help 1

Per determinare l'incertezza della temperatura devi:

1. calcolare gli errori relativi di l ed L:

$$\varepsilon_r(l) = \frac{\Delta x(l)}{l_M} = \frac{0,1}{6,1} = 0,01639 \qquad \varepsilon_r(L) = \frac{\Delta x(L)}{L_M} = \frac{0,1}{22,5} = 0,00444$$

2. trovare l'errore relativo di t, non considerando l'incertezza sul valore 100:

$$\varepsilon_r(t) = \varepsilon_r(l) + \varepsilon_r(L) = 0,01639 + 0,00444 = 0,02083$$

3. determinare la sua incertezza:

$$\Delta x(t) = \varepsilon_r(t) \cdot t = 0,02083 \cdot 27,11111 = 0,56472\ °C$$

4. arrotondare coerentemente incertezza e valore della grandezza e scrivere:

$$t = (27,1 \pm 0,6)\ °C$$

SCHEDA LAB

La dilatazione termica lineare

PREREQUISITI

Per affrontare la prova devi sapere:

- ▶ Definizione operativa di temperatura
- ▶ Come si legge un termometro (scala Celsius)
- ▶ Quali sono i punti fissi relativi all'acqua
- ▶ Che cos'è la dilatazione termica
- ▶ Come si definisce il coefficiente di dilatazione termica lineare

1 Titolo

La prova è incentrata sul fenomeno della variazione di volume (nel nostro caso, della lunghezza) dei solidi con la temperatura, per cui possiamo intitolare l'esperienza: **Dilatazione termica lineare**.

2 Obiettivi

Lo scopo consiste nel determinare il valore del *coefficiente di dilatazione termica lineare* per alcuni solidi. Individuati tali coefficienti, li confronteremo con i valori riportati nelle tabelle.

3a Schema e/o disegno

Il disegno che riproduce un dispositivo standard utilizzabile per questa prova è rappresentato a fianco.

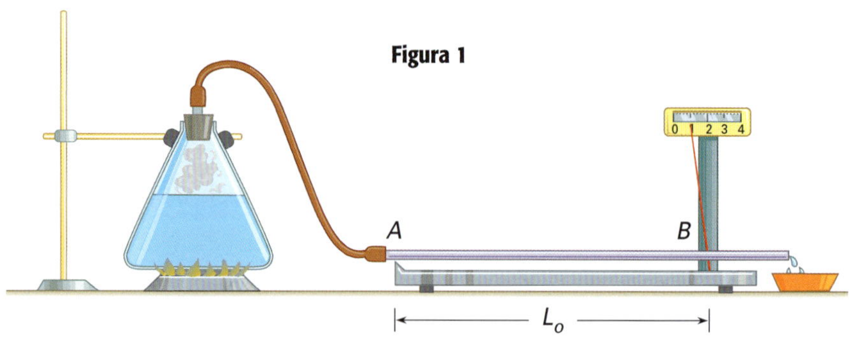

Figura 1

3b Materiale e strumenti

Il materiale utilizzato è quello della figura 1:

- fornello (elettrico) per riscaldare l'acqua;
- aste di supporto con base, morsetto e pinza di fissaggio;
- matraccio o comunque contenitore dotato di tappo con foro per la fuoriuscita del vapore;
- tubo rigido da inserire nel tappo e tubo di gomma per il passaggio del vapore;
- apparecchiatura per la rilevazione della dilatazione termica lineare;
- tubi di vari materiali (rame, acciaio, vetro);
- termometro;
- metro a nastro o asta millimetrata;
- calibro ventesimale.

4 Contenuti teorici

Ciò che costituisce lo sfondo teorico di questa prova è il comportamento delle sostanze, in particolare la variazione del loro volume, quando cambia la temperatura. Su questo fenomeno si basa, per esempio, la costruzione dei termometri a mercurio.
Con riferimento ai solidi, è quindi necessario dire in che cosa consiste la dilatazione termica lineare, a quali grandezze fisiche è riconducibile per uno studio quantitativo e quali sono definizione, significato e unità di misura del coefficiente (dipendente dal tipo di materiale), che viene introdotto come costante di proporzionalità tra la variazione di lunghezza e il prodotto fra lunghezza iniziale a 0 °C e la variazione di temperatura (espressa sempre in gradi Celsius).

5 Descrizione della prova

L'esecuzione della prova, pur essendo relativamente semplice, richiede un po' di attenzione nella fase di montaggio del dispositivo e nella rilevazione della posizione finale dell'indice a dilatazione termica avvenuta. Basterà che sintetizzi i punti più importanti delle istruzioni che ti daremo tra poco.

Ciò che ti appresti a determinare è quanto segue:

- nella prima parte, la quantità ΔL di cui si allunga un tubo di un dato metallo, quando la sua temperatura va da quella ambiente fino a 100 °C (valore della temperatura dell'acqua bollente), grazie agli elementi illustrati in figura 1;
- nella seconda parte, il valore del coefficiente di dilatazione termica lineare λ per mezzo della relazione:

$$\lambda = \frac{\Delta L}{L_0 \cdot \Delta t}$$

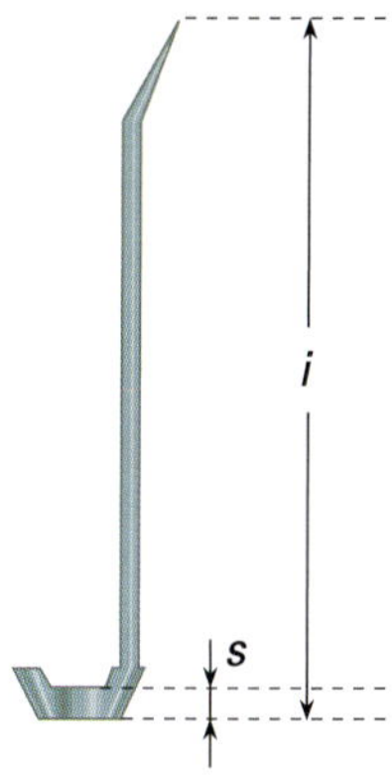

Figura 2

Una volta ascoltate attentamente tutte le indicazioni dell'insegnante e ricevuto il materiale completo, puoi procedere in questo modo.

a) Effettua la misurazione preventiva, rispettivamente con l'asta millimetrata e con il calibro, delle seguenti grandezze fisiche (fig. 2):
   - lunghezza dell'indice dal coltello inferiore alla punta:

     $i = (\ldots \pm \ldots)\ \ldots$
   - distanza tra i coltelli dell'indice:

     $s = (\ldots \pm \ldots)\ \ldots$

b) Metti un po' di acqua nel matraccio e chiudilo con il tappo, inserendo in quest'ultimo il tubicino rigido per la fuoriuscita del vapore.

c) A fornello spento, disponi su di esso il matraccio, rendendolo stabile tramite le aste di supporto e le pinze di fissaggio, come si deduce dalla figura 1.

d) Dopo avere inserito un estremo del tubo di gomma nel tubicino rigido del tappo, prendi uno dei tubi metallici che vogliamo studiare (per esempio, quello di rame), disponilo sul supporto e collega l'estremità, che si trova dalla parte opposta rispetto alla scala graduata, al tubo di gomma precedente.

e) Blocca opportunamente il tubo di rame in *A* e fai in modo che in *B*, in corrispondenza della scanalatura dalla parte della scala graduata, il tubo sia appoggiato sul coltello superiore dell'indice (il coltello inferiore di quest'ultimo a sua volta deve andare in un'altra scanalatura presente nella base del supporto).

f) Effettua la misurazione delle seguenti grandezze fisiche:
   - temperatura dell'ambiente con il termometro:

     $t_0 = (\ldots \pm \ldots)\ \ldots$
   - lunghezza del tubo metallico dal punto *A* in cui è bloccato fino alla scanalatura che gli consente l'appoggio sul coltello superiore dell'indice (con l'asta millimetrata):

     $L_0 = (\ldots \pm \ldots)\ \ldots$

g) Metti l'indice nella posizione iniziale della scala graduata, accertandoti che la sua punta non strisci su di essa (sarebbe il caso che il movimento dell'indice, per le approssimazioni che dobbiamo introdurre, durante l'escursione termica avesse un movimento complessivo simmetrico rispetto alla verticale) e rileva la seguente misura:
- posizione iniziale dell'indice (se diverso da zero):

$d_0 = (\ldots \pm \ldots) \ldots$

h) Accendi il fornello e aspetta che l'acqua vada in ebollizione. Quando il vapore inizia a passare dentro il tubo metallico, questo si riscalda e si dilata, come puoi constatare dal movimento dell'indice. Ipotizzando che il vapore fluisca senza condensarsi dentro il tubo metallico, potremmo pensare che all'equilibrio quest'ultimo avrà la stessa temperatura del vapore d'acqua:
- temperatura finale del tubo di rame:

$t_1 = (\ldots \pm \ldots) \ldots$

Come errore di sensibilità, non trattandosi di una misura realmente effettuata, puoi prendere quello del termometro adoperato per la misurazione della temperatura ambiente.

i) Quando l'indice si ferma, rileva la sua posizione sulla scala graduata:
- posizione finale dell'indice:

$d_1 = (\ldots \pm \ldots) \ldots$

l) Spento il fornello e cambiato il tubo metallico con le necessarie cautele, ripeti il procedimento per ognuno dei tubi restanti a disposizione.

(Se non cambi indice, la misurazione di i ed s non devi ripeterla, mentre è il caso di verificare nuovamente il valore della temperatura ambiente.)

In questo modo la fase propriamente sperimentale è conclusa e puoi passare all'elaborazione di quanto hai raccolto, organizzando i dati secondo la tabella che trovi al punto successivo.

6 Raccolta dei dati

Nella tabella, per non renderla troppo complessa, mettiamo solo le misure di quelle grandezze che cambiano al cambiare del materiale.

I valori plausibilmente costanti possono essere riportati in buon ordine prima della tabella. Riferendoci a dati puramente dimostrativi (che tu non devi utilizzare), relativi all'esperienza con il primo materiale, scriverai qualcosa di analogo a questo:

- per il calcolo di ΔL:

$i = (210 \pm 1)$ mm $\quad s = (4{,}50 \pm 0{,}05)$ mm $\quad d_0 = (10{,}0 \pm 0{,}5)$ mm

- per il calcolo di λ:

$L_0 = (500 \pm 1)$ mm

$t_0 = (18 \pm 1)$ °C $\quad t = (100 \pm 1)$ °C $\quad \Delta t = (82 \pm 2)$ °C

La tabella vera e propria sarà come quella seguente:

Tabella 1

	1	2	3	4	5	6	7	8
materiale	d_1 (mm)	$\Delta x(d_1)$ (mm)	$d = d_1 - d_0$ (mm)	$\Delta x(d)$ (mm)	ΔL (mm)	$\Delta x(\Delta L)$ (mm)	λ (°C^{-1})	$\Delta x(\lambda)$ (°C^{-1})
rame	42,0	0,5	32	1	0,69	0,04	$17 \cdot 10^{-6}$	$2 \cdot 10^{-6}$
ferro	...	...	...	...	...	...	...	...
vetro	...	...	...	...	...	...	...	...

7 Elaborazione

Una volta raccolti i dati, la parte relativa alla loro elaborazione non è complessa. Nella colonna 3 riporta il risultato di $d = d_1 - d_0 = 32$ mm.
(Se devi calcolare gli errori di propagazione relativi a d della colonna 4, vedi l'***help 1***.)
Nella colonna 5 scrivi il valore dell'allungamento causato dalla dilatazione. La figura 3, che schematizza la rotazione dell'indice, illustra la similitudine a cui facciamo ricorso per trovare ΔL e che approssima bene la situazione reale per angoli piccoli, essendo in tal caso lecito confondere l'arco di circonferenza con il tratto di segmento tangente:

$$\Delta L : d = s : i \quad \Rightarrow \quad \Delta L = \frac{s \cdot d}{i} \quad \Rightarrow \quad \Delta L = \frac{4{,}50 \cdot 32}{210} = 0{,}68571 \cong 0{,}69 \text{ mm}$$

(Se devi trovare gli errori di propagazione per ΔL della colonna 6, vedi l'***help 2***.)

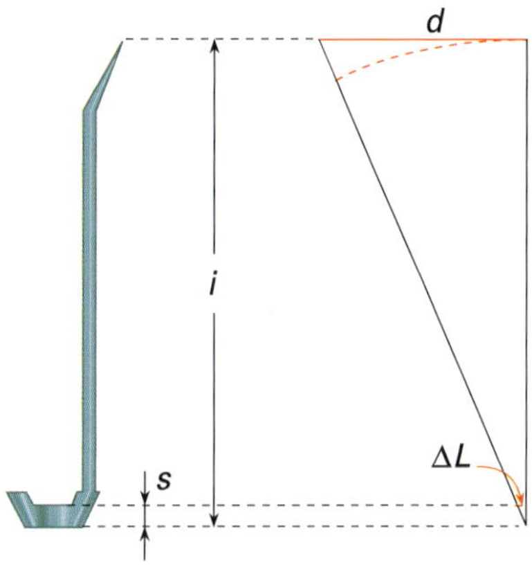

Figura 3

Fatto questo, puoi passare a determinare il coefficiente di dilatazione termica lineare, da mettere nella colonna 7, con la nota formula:

$$\lambda = \frac{\Delta L}{L_0 \cdot \Delta t} \quad \Rightarrow \quad \lambda = \frac{0{,}69}{500 \cdot 82} = 16{,}82927 \cdot 10^{-6} \cong 17 \cdot 10^{-6} \ {}^{\circ}\mathrm{C}^{-1}$$

Δt (riportato prima della tabella) lo trovi come differenza fra t e t_0, che sono noti. (Per la sua incertezza, il procedimento è identico a quello usato per d e mostrato nell'***help 1***.)
Nella riga della tabella relativa al rame, trovi i risultati ottenuti con i valori da noi introdotti a titolo esemplificativo. L'unico dettaglio a cui devi prestare attenzione nell'effettuare i calcoli di λ è che, pur non essendo necessario che le varie lunghezze siano espresse in metri, tuttavia devono essere fra loro omogenee: nel nostro caso, per comodità abbiamo adoperato i millimetri.
(Se ti viene richiesto di determinare l'incertezza di λ, da disporre in colonna 8, puoi fare riferimento all'***help 2***, essendo i passaggi da svolgere del tutto analoghi a quelli per ΔL.)

8 Analisi dei risultati e conclusioni

Dirai che la prova ha avuto un riscontro positivo, se i valori che hai trovato dei vari λ si avvicinano a quelli che puoi rilevare nelle tabelle. Per il rame un risultato simile a quello ottenuto qui, cioè $17 \cdot 10^{-6}$ °C^{-1}, sarebbe più che soddisfacente, tenuto conto che il valore riportato nelle tabelle dei coefficienti di dilatazione lineare è $16{,}66 \cdot 10^{-6}$ °C^{-1}, il quale spesso viene arrotondato proprio a $17 \cdot 10^{-6}$ °C^{-1}!
Nell'eventualità che, invece, abbia fatto ricorso anche alla propagazione degli errori, allora dovrai vedere se il valore tabulato ($16{,}66 \cdot 10^{-6}$ °C) rientra nell'intervallo di indeterminazione da te trovato (fig. 4).

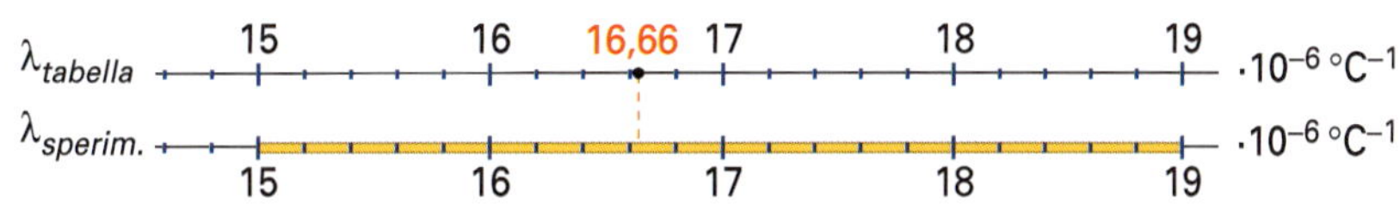

Figura 4

Se i risultati sono insoddisfacenti, allora devi cercare di individuare le cause che hanno vanificato la prova. Te ne suggeriamo qualcuna:

- non possiamo essere certi delle reali temperature dei tubi;
- il movimento dell'indice durante la dilatazione può essere stato irregolare.

In verità, talvolta i risultati sono solo apparentemente perfetti. Ti sarai accorto, infatti, che l'ipotetico valore da noi trovato a titolo di esempio per il coefficiente di dilatazione termica lineare del rame ha un'incertezza considerevole rispetto al valore della grandezza:

$$\varepsilon_r(\lambda) = \frac{2}{17} \cong 0{,}12 = 12\%$$

per cui andrebbero analizzate comunque le conseguenze di alcune scelte operative. Per esempio, l'errore di sensibilità del termometro per la misura della temperatura ambiente è un po' troppo elevato.

help 1

L'incertezza di d è la somma delle incertezze di d_0 e d_1, che qui ipotizziamo essere 0,5 mm:

$$\Delta x(d) = \Delta x(d_0) + \Delta x(d_1) = 0{,}5 + 0{,}5 = 1 \text{ mm}$$

help 2

L'incertezza di ΔL (così come quello di λ), essendo in gioco solo operazioni di prodotto e di quoziente, la puoi calcolare con un unico passaggio, dopo avere trovato il suo valore:

$$\Delta x(\Delta L) = \left[\frac{\Delta x(s)}{s} + \frac{\Delta x(d)}{d} + \frac{\Delta x(i)}{i}\right] \cdot \Delta L$$

Da cui:

$$\Delta x(\Delta L) = \left[\frac{0{,}05}{4{,}50} + \frac{1}{32} + \frac{1}{210}\right] \cdot 0{,}68571 = 0{,}03231 \text{ mm} \cong \ldots$$

SCHEDA LAB

Il calore specifico dei solidi

PREREQUISITI

Per affrontare la prova devi sapere:

- Che cos'è la temperatura e come la si misura
- Qual è il punto fisso relativo all'acqua bollente
- Concetto di calore e sua unità di misura
- Che cosa sono e come si misurano il calore specifico e la capacità termica di un corpo
- Equazione fondamentale della calorimetria

1 Titolo

Per questa prova possiamo proporre il seguente titolo: **Determinazione del calore specifico dei solidi**.

2 Obiettivi

Intendiamo determinare il calore specifico di corpi solidi di vari materiali (per esempio: ottone, alluminio, acciaio, vetro, ...). Individuati tali valori, li confronteremo con quelli riportati nelle tabelle.

3a Schema e/o disegno

Il disegno relativo all'esperienza consiste nella riproduzione di un calorimetro, del becker graduato sul fornello e del termometro, cioè della parte di strumentazione che maggiormente caratterizza questa prova.

3b Materiale e strumenti

Il materiale utilizzato è quello che segue:

- cilindri di sostanze differenti (ottone, alluminio, acciaio, vetro ecc.);
- asta di supporto;
- fornello (elettrico o bunsen);
- calorimetro (recipiente isolato termicamente che assorbe una quantità di calore molto piccola);
- contenitore graduato (o becker);
- pinze o gancio;
- termometri di diversa portata e sensibilità;
- bilancia.

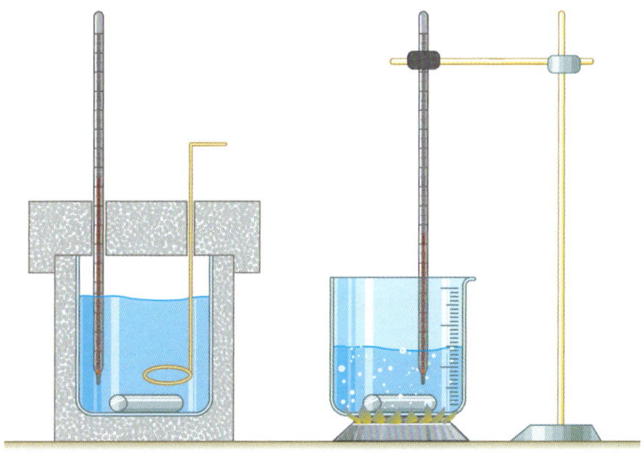

Figura 1

4 Contenuti teorici

Le basi teoriche della prova sono rappresentate dai fenomeni legati allo scambio termico fra corpi a diversa temperatura, al raggiungimento dell'equilibrio termico e al concetto di calore come energia che viene trasferita. In particolare, dovrai illustrare il fatto che i corpi si comportano diversamente rispetto all'assorbimento e alla cessione del calore a seconda della sostanza di cui sono costituiti. Per tenere conto del diverso comportamento, si introducono appunto le grandezze fisiche chiamate capacità termica e calore specifico.

5 Descrizione della prova

L'esecuzione della prova, pur non essendo complessa dal punto di vista della messa in opera, richiede una certa attenzione, in quanto necessita di una fase preliminare finalizzata a capire come interagisce il calorimetro nella nostra misurazione. Dovendo descrivere la prova, ti sarà sufficiente sintetizzare i passaggi principali che riportiamo qui di seguito.
Ciò che vogliamo fare concretamente è:

- trovare quanto calore assorbe il calorimetro per ogni grado di aumento della sua temperatura, vale a dire la sua capacità termica (Parte I);
- riscaldare fino a una temperatura nota (100 °C) alcuni solidi, rilevare la temperatura di equilibrio dopo averli messi nel calorimetro, contenente una certa quantità di acqua, e calcolare quindi il loro calore specifico (Parte II).

Adopereremo la seguente simbologia:

- c_{acqua} calore specifico dell'acqua
- c_{solido} calore specifico del solido
- C_{cal} capacità termica del calorimetro
- t_1 temperatura iniziale dell'acqua fredda e del calorimetro
- t_2 temperatura iniziale del solido (100 °C) e dell'acqua bollente del becker
- t_e temperatura di equilibrio finale del sistema (calorimetro, acqua e solido)

Puoi procedere adesso seguendo queste istruzioni.

PARTE I: capacità termica del calorimetro

a) Metti una stessa quantità d'acqua (per esempio, 150 g corrispondenti a 15,0 cl) nel calorimetro, che poi provvederai a richiudere, e nel contenitore posto sul fornello.

b) Accendi il fornello e riscalda l'acqua fino a una temperatura di 50 ÷ 60 °C, rilevando attentamente con i termometri le temperature sia dell'acqua nel calorimetro (t_1) sia di quella riscaldata (t_2).

c) Versa l'acqua calda dentro il calorimetro, chiudendolo rapidamente e mescolando l'acqua all'interno con l'apposito miscelatore.

d) Dopo aver atteso un intervallo di tempo sufficiente (dell'ordine del minuto), vedrai fermarsi il livello del mercurio nel termometro fissato nel tappo del calorimetro: quella rappresenta la temperatura di equilibrio del sistema, che rileverai con cura (t_e).

e) Calcola la capacità termica del calorimetro tramite la relazione ricavata dall'equazione fondamentale della calorimetria (vedi ***help 1***):

$$C_{cal} = \frac{m_{calda} \cdot c_{acqua} \cdot (t_2 - t_e) - m_{fredda} \cdot c_{acqua} \cdot (t_e - t_1)}{t_e - t_1}$$

Il valore di C_{cal} viene misurato una volta per tutte, quindi questa parte non sarà più eseguita.
Se utilizzi le unità di misura del SI, ricordati di usare per le masse i kg e per il calore specifico dell'acqua il valore 4186 J/(kg · °C).
Nel caso in cui la temperatura dell'acqua fredda fosse 16,8 °C, quella dell'acqua calda 57,6 °C e la temperatura di equilibrio di stabilizzasse su 36,0 °C, allora si troverebbe:

$$C_{cal} = \frac{0{,}150 \cdot 4186 \cdot (57{,}6 - 36{,}0) - 0{,}150 \cdot 4186 \cdot (36{,}0 - 16{,}8)}{36{,}0 - 16{,}8} \cong 78 \, \frac{\text{J}}{°\text{C}}$$

Parte II: calore specifico dei solidi

a) Metti una data quantità d'acqua (per esempio, 200 g corrispondenti a 20,0 cl) nel calorimetro.

b) Versa una quantità d'acqua qualunque (basta che copra il cilindretto) nel contenitore posto sul fornello e quindi accendi quest'ultimo, portando l'acqua alla temperatura di ebollizione di 100 °C. (Eventualmente, se il termometro ha una portata sufficiente, puoi disporlo tramite l'asta di supporto nel becker per rilevare l'esatta temperatura dell'acqua calda.)

c) Misura la massa del solido di cui vuoi determinare il calore specifico tramite la bilancia.

d) Mentre l'acqua sul fornello di sta riscaldando, immergi in essa il cilindretto, adoperando un paio di pinze o un gancio se il solido è dotato di un apposito foro.

e) Dopo aver atteso alcuni minuti, rileva la temperatura dell'acqua nel calorimetro (t_1) e dell'acqua bollente (t_2), che sarà anche la temperatura del solido (se l'acqua bolle, puoi prendere direttamente $t_2 = 100$ °C, a condizione di... non trovarti molto al di sopra del livello del mare.)

f) Introduci con azione rapida il cilindretto dentro il calorimetro e chiudi quest'ultimo velocemente, mescolando l'acqua all'interno con l'apposito miscelatore.

g) Dopo aver atteso un intervallo di tempo sufficiente (alcuni minuti), vedrai fermarsi il livello del mercurio nel termometro fissato nel tappo del calorimetro: quella è la temperatura di equilibrio del sistema, che rileverai attentamente (t_e).

I passaggi della Parte II vanno ripetuti per ognuno dei corpi solidi che ti sono stati assegnati. I dati puoi raccoglierli come indicato nella tabella 1.

6 Raccolta dei dati

Nella tabella 1 mettiamo solo valori e rispettive incertezze di quelle grandezze che sicuramente cambiano al cambiare del materiale. I dati fissi quali la capacità termica del calorimetro, la quantità di acqua nel calorimetro e la temperatura dell'acqua bollente, che coincide con la temperatura iniziale del solido, possono essere riportati ordinatamente fuori dalla tabella.
(I valori riportati qui sotto in tabella 1 sono puramente indicativi, tu non li devi utilizzare nei tuoi calcoli.)

$C_{cal} = 78$ J/°C; $m_{acqua} = (0{,}200 \pm 0{,}001)$ kg; $t_2 = (100 \pm 1)$ °C

Tabella 1

	1	2	3	4	5	6	7	8
sostanza	m (kg)	$\Delta x(m)$ (kg)	t_1 (°C)	t_e (°C)	$\Delta x(t)$ (°C)	$t_2 - t_e$ (°C)	$t_e - t_1$ (°C)	c_{solido} ($\text{J} \cdot \text{kg}^{-1} \cdot {}^\circ\text{C}^{-1}$)
ottone	0,0300	0,0001	20,4	21,4	0,2	78,6	1,0	388
rame	...	...	...	...	...	...	...	...
acciaio	...	...	...	...	...	...	...	...
vetro	...	...	...	...	...	...	...	...

7 Elaborazione

A questo punto puoi calcolare, trascrivendolo nella colonna 8, il calore specifico del solido tramite la relazione (vedi ***help 2***):

$$c_{solido} = \frac{(m_{acqua} \cdot c_{acqua} + C_{cal}) \cdot (t_e - t_1)}{m_{solido} \cdot (t_2 - t_e)}$$

In tabella, nella riga dell'ottone, trovi alcuni dati campione, che portano al seguente risultato:

$$c_{ottone} = \frac{(m_{acqua} \cdot c_{acqua} + C_{cal}) \cdot (t_e - t_1)}{m_{ottone} \cdot (t_2 - t_e)} = \frac{(0{,}200 \cdot 4186 + 78) \cdot (21{,}4 - 20{,}4)}{0{,}0300 \cdot (100 - 21{,}4)} \cong 388 \, \frac{\text{J}}{\text{kg} \cdot {}^\circ\text{C}}$$

Ripeterai ovviamente i calcoli per ognuno dei solidi a disposizione.
Per quanto riguarda l'eventuale calcolo delle incertezze di C_{cal} e di c_{solido}, ti rinviamo all'***help 3***.

8 Analisi dei risultati e conclusioni

Dirai che i risultati ottenuti sono attendibili, se i valori dei vari c_{solido} si avvicinano a quelli previsti dalle tabelle (ovvero, in caso di calcolo delle incertezze, se i calori specifici tabulati rientrano all'interno degli intervalli di indeterminazione da te trovati).
Se, al contrario, i risultati sono insoddisfacenti, allora devi cercare di individuare le cause che hanno influenzato negativamente la prova. Te ne suggeriamo qualcuna:

- dispersioni termiche sia durante il travaso dell'acqua per la determinazione di C_{cal} sia nel trasferimento del solido;
- temperatura del solido iniziale (posta a 100 °C) non effettivamente controllata.

help 1

Se la relazione da cui hai ricavato C_{cal} non ti è chiara, riproduciamo qui sotto i passaggi che conducono a essa, ricorrendo all'equazione fondamentale della calorimetria: $Q = m \cdot c \cdot \Delta t$.

calore ceduto dall'acqua calda		calore assorbito dall'acqua fredda		calore assorbito dal calorimetro
Q_{ced}	$=$	Q_{ass1}	$+$	Q_{ass2}
$m_{calda}\, c_{acqua}(t_2 - t_e)$	$=$	$m_{fredda}\, c_{acqua}(t_e - t_1)$	$+$	$C_{cal}(t_e - t_1)$

Quest'ultima equazione la possiamo anche scrivere:

$$C_{cal}\,(t_e - t_1) = m_{calda}\, c_{acqua}(t_2 - t_e) - m_{fredda}\, c_{acqua}(t_e - t_1)$$

Dividendo, infine, ambo i membri per $t_e - t_1$ si trova la formula cercata.

help 2

Anche in questo caso il calore specifico lo ricaviamo da un bilancio termico basato sull'equazione fondamentale della calorimetria:

calore ceduto dal solido	$=$	calore assorbito dall'acqua	$+$	calore assorbito dal calorimetro
Q_{ced}	$=$	Q_{ass1}	$+$	Q_{ass2}
$m_{solido}\, c_{solido}\,(t_2 - t_e)$	$=$	$m_{acqua}\, c_{acqua}(t_e - t_1)$	$+$	$C_{cal}(t_e - t_1)$

Raccogliendo a fattor comune $t_e - t_1$ nel secondo membro, si ha:

$$m_{solido} c_{solido}\,(t_2 - t_e) = (m_{acqua} c_{acqua} + C_{cal}) \cdot (t_e - t_1)$$

Dividendo, infine, ambo i membri per $m_{solido}(t_2 - t_e)$, si ottiene la formula cercata.

help 3

Devi considerare che, essendoci nei calcoli di C_{cal} e di c_{solido} anche delle sottrazioni, nelle quali comunque si devono sommare le incertezze delle grandezze in gioco, alla fine ne risulterà un'incertezza complessiva piuttosto rilevante. Per ridurre questa conseguenza conviene, se disponibili, usare termometri a elevata sensibilità e non arrotondare le incertezze nei passaggi intermedi, ma solamente alla fine.

SCHEDA LAB

I cambiamenti di stato

PREREQUISITI

Per affrontare la prova devi sapere:

- Come si effettua la lettura di un termometro
- Come varia la densità dell'acqua da 4 °C a 0 °C
- Quali sono gli stati della materia
- Che cosa sono la temperatura di fusione e di ebollizione

1 Titolo

Questa prova, dal carattere prevalentemente qualitativo, si propone di studiare i cambiamenti di stato dell'acqua. Il titolo specifico è: **Andamento della temperatura dell'acqua sottoposta a riscaldamento**.

2 Obiettivi

L'intenzione è quella di valutare in che maniera si modifica la temperatura dell'acqua, a partire da una miscela ghiaccio-acqua fino all'ebollizione, verificando in particolare la sua costanza durante la liquefazione e l'ebollizione, cioè durante i cambiamenti di stato.

3a Schema e/o disegno

Riproduciamo in questo caso quanto serve per osservare la temperatura dell'acqua riscaldata costantemente tramite un fornello.

3b Materiale e strumenti

Il materiale utilizzato è:
- contenitore termalizzato;
- ghiaccio;
- fornello;
- asta di supporto;
- termometro;
- cronometro.

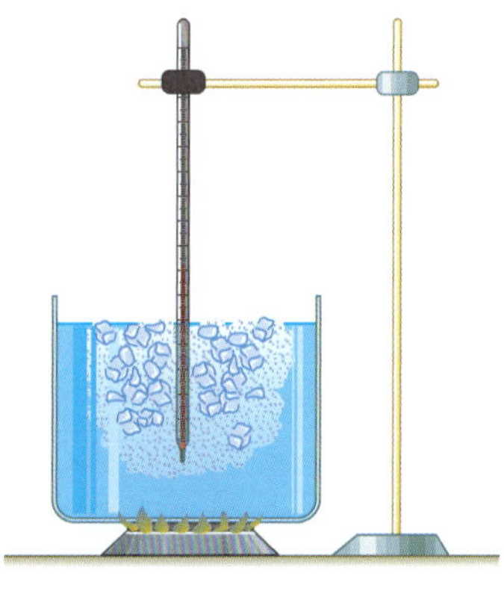

Figura 1

4 Contenuti teorici

Gli elementi teorici in questo caso riguardano le modalità con le quali una sostanza cambia stato, i concetti di calore latente di fusione e di vaporizzazione. Dovrai sintetizzare le motivazioni fisiche che sono alla base del fatto che, durante il passaggio dallo stato solido a quello liquido e da quest'ultimo allo stato di vapore, ci si aspetta che la temperatura del sistema rimanga costante.

5 Descrizione della prova

Dal punto di vista operativo la prova non presenta difficoltà, dal momento che intendiamo appurare quale andamento segue la temperatura di una certa quantità d'acqua, riscaldata con una potenza termica (calore trasmesso nell'unità di tempo) costante.
In sostanza, leggeremo, a intervalli di tempo prefissati, il valore di temperatura indicato da un termometro il cui bulbo si trova nell'acqua.

Ecco ciò che devi fare.

a) Metti il ghiaccio nel contenitore e accendi il fornello.

b) Disponi il termometro, tramite l'asta di supporto, in modo tale che il bulbo sia a contatto con la parte liquida in formazione.

c) Dopo aver stabilito l'intervallo di tempo (mezzo minuto o un minuto) tra una misura della temperatura e quella successiva, fai partire il cronometro e contemporaneamente leggi al tempo $\tau = 0$ min il primo valore di temperatura indicato dal termometro.
(Per il tempo suggeriamo la lettera greca τ, «tau», per distinguerla dalla temperatura.)

d) Trascorso l'intervallo di tempo stabilito, leggi il nuovo valore della temperatura, riportandolo nella opportuna tabella.
Durante il riscaldamento, è necessario rimescolare il sistema.

e) Ripeti la rilevazione, fermandoti alcuni minuti dopo l'istante in cui l'acqua inizia la fase dell'ebollizione.

A questo punto la fase esecutiva è conclusa e puoi passare all'elaborazione grafica.

6 Raccolta dei dati

La tabella è stata predisposta con dei dati campione, presumendo una scansione di mezzo minuto e una durata delle letture di circa venti minuti.

Tabella 1

τ (min)	t (°C)	τ (min)	t (°C)	τ (min)	t (°C)	τ (min)	t (°C)	τ (min)	t (°C)	τ (min)	t (°C)
0	1	3,5	12	7,0	20	10,5	47	14,0	74	17,5	97
0,5	1	4,0	9	7,5	24	11,0	50	14,5	78	18,0	98
1,0	1	4,5	6	8,0	27	11,5	54	15,0	82	18,5	99
1,5	1	5,0	12	8,5	30	12,0	58	15,5	86	19,0	99
2,0	1	5,5	12	9,0	35	12,5	62	16,0	90	19,5	100
2,5	7	6,0	13	9,5	39	13,0	66	16,5	94	20,0	100
3,0	8	6,5	18	10,0	43	13,5	70	17,0	96	20,5	100

7 Elaborazione

Una volta terminata la compilazione della tabella, devi riportare i dati in un grafico temperatura-tempo (possibilmente su carta millimetrata), indicando anche gli intervalli di indeterminazione relativi ai valori delle temperature, come indicato in figura 2.

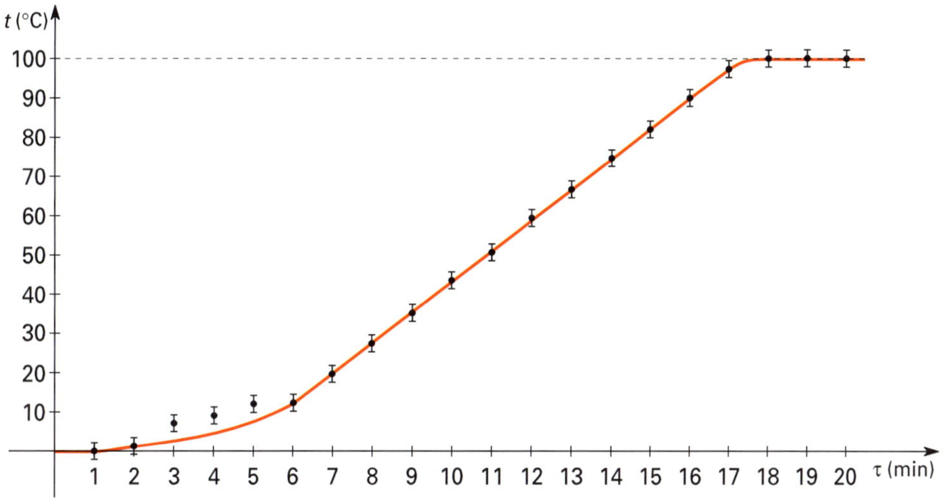

Figura 2

8 Analisi dei risultati e conclusioni

Data l'assenza di calcoli, assume rilievo il commento al grafico tracciato. In esso possono essere evidenziate le seguenti zone:

- Una piattaforma iniziale costante (anche se non proprio a 0 °C), durante il passaggio dalla fase solida a quella liquida.
- Una crescita irregolare della temperatura, dovuta a un rimescolamento naturale per convezione dell'acqua: oltre i 4 °C l'acqua più calda è meno densa, per cui sale in superficie, dove tuttavia tende a permanere anche il ghiaccio, per cui il bulbo del termometro risulta a contatto con l'acqua ora allo stato liquido ora allo stato solido.
- Una volta completata la fusione, si regista un aumento costante della temperatura con il trascorrere del tempo, indicata dalla zona con crescita rettilinea, nella quale intervalli di tempo e intervalli di temperatura sono direttamente proporzionali.
- Quindi, in prossimità dell'ebollizione, la temperatura si stabilizza.

SCHEDA LAB

La seconda legge della rifrazione

PREREQUISITI

Per affrontare la prova devi sapere:

- ► Quali sono le caratteristiche principali della luce
- ► Che cos'è la rifrazione e quali sono le leggi che la regolano

1 Titolo

La prova consiste, per lo meno in parte, in una verifica, per cui può esser intitolata: **Verifica della seconda legge della rifrazione**.

2 Obiettivi

L'obiettivo consiste nel valutare sperimentalmente la validità della legge in questione, per la quale il rapporto tra il seno dell'angolo di incidenza e il seno dell'angolo di rifrazione rimane costante per una data sostanza e, conseguentemente, nella misurazione per tale sostanza del suo indice di rifrazione.

3a Schema e/o disegno

La figura 1 riproduce i componenti essenziali necessari per l'esperimento.

3b Materiale e strumenti

Il materiale e gli strumenti classici richiesti sono:

- semicilindro di plexiglas;
- proiettore (o laser);
- disco graduato (disco di Hartl).

Figura 1

4 Contenuti teorici

Il tema da trattare teoricamente nelle linee essenziali concerne le caratteristiche di propagazione della luce, la rappresentazione della luce tramite il concetto di raggio e, infine, l'esposizione delle leggi della rifrazione, in particolare la seconda:

$$\frac{\text{sen}\,\hat{i}}{\text{sen}\,\hat{r}} = n_{12} = \text{costante}$$

5 Descrizione della prova

a) Disponi il semicilindro di plexiglas al centro del disco graduato, in modo tale che la faccia piana sia perpendicolare al diametro del disco passante per 0°.

b) Accendi il proiettore (o il laser) e cerca di allineare il sottile fascio di luce al disco, facendo sì che lo lambisca opportunamente, per cui il raggio luminoso che si forma su di esso appare nitido, e passi per il centro del disco.

c) Dopo aver ruotato il disco con il plexiglas affinché il raggio incidente $\hat{i}$ formi con la perpendicolare alla superficie piana aria-plexiglas del semicilindro l'angolo voluto, vai a leggere, sempre rispetto alla medesima verticale, il valore dell'angolo di rifrazione $\hat{r}$: il raggio rifratto, infatti, dopo aver attraversato il materiale in questione, ritornando nell'aria prosegue senza cambiare traiettoria a causa della forma circolare della superficie di separazione plexiglas-aria.

d) Ruota il disco e ripeti le letture degli angoli $\hat{i}$ ed $\hat{r}$ il numero di volte desiderato.

(Pur facendo scrivere comunque, per consolidare l'abitudine, le incertezze degli angoli – tra l'altro pari a 2° a causa della larghezza del fascio –, in questa prova tralasciamo il calcolo dell'incertezza dell'indice di rifrazione n_{12}).

6 Raccolta dei dati

La tabella per i dati può essere impostata come quella proposta qui sotto.

Tabella 1

1	2	3	4	5	6	7
$\hat{i}$ (°)	$\Delta x(\hat{i})$ (°)	$\hat{r}$ (°)	$\Delta x(\hat{r})$ (°)	sen $\hat{i}$	sen $\hat{r}$	$n_{12} = \frac{\text{sen}\,\hat{i}}{\text{sen}\,\hat{r}}$
30	2	20	2	0,500	0,342	1,46
...	...	...	...	...	...	...
...	...	...	...	...	...	...

7 Elaborazione

Con l'aiuto della calcolatrice determina il valore di sin $\hat{i}$, quindi quello di sin $\hat{r}$, e poi trova il loro rapporto, che costituisce l'indice di rifrazione aria-plexiglas:

$$n_{12} = \frac{\text{sen}\,\hat{i}}{\text{sen}\,\hat{r}} = \frac{\text{sen } 30°}{\text{sen } 20} = \frac{0{,}500}{0{,}342} \cong 1{,}46$$

(L'indice di rifrazione è adimensionale.)

8 Analisi dei risultati e conclusioni

L'analisi del risultato può essere effettuata tramite le seguenti considerazioni:

- osservando se i valori trovati degli indici di rifrazione possono essere ritenuti costanti, pur nell'ambito delle incertezze connesse con le misurazioni;
- confrontando i vari n_{12} determinati con quello noto (per esempio, nel caso del materiale qui indicato, l'indice di rifrazione in genere assume un valore pari all'incirca a 1,48 ÷ 1,49).

SCHEDA LAB

Le lenti convergenti

PREREQUISITI

Per affrontare la prova devi sapere:

- Quali sono le caratteristiche principali della luce
- In che cosa consiste il fenomeno della rifrazione
- Che cos'è una lente sottile e qual è la formula corrispondente

1 Titolo

Possiamo intitolare questa esperienza di laboratorio: **Misurazione della distanza focale di una lente convergente**.

2 Obiettivi

Data una lente convergente di caratteristiche non note, vogliamo determinarne la distanza focale, cioè il punto sull'asse ottico nel quale si concentrano, a causa della rifrazione attraverso la lente, i raggi che incidono parallelamente all'asse medesimo.

3a Schema e/o disegno

Nella figura 1 viene illustrata l'apparecchiatura necessaria per eseguire la prova, la quale può essere realizzata tutto sommato con materiale facilmente reperibile.

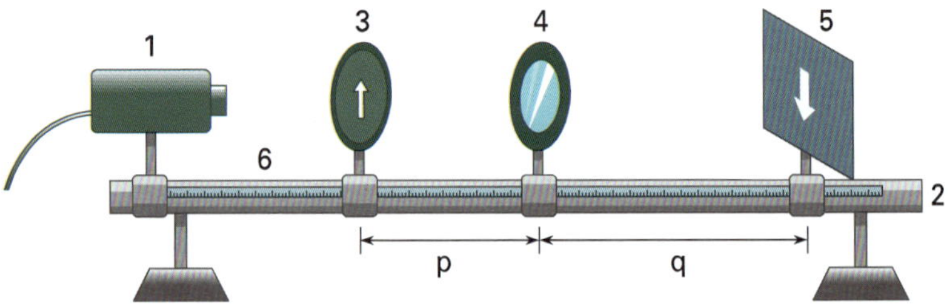

Figura 1

3b Materiale e strumenti

Il materiale essenziale è (fig. 1):

- sorgente luminosa (lampada, proiettore...) (1);
- banco ottico (composto da guida e morsetti) (2);
- diaframma con relativo supporto (3);
- lente convergente con relativo supporto (4);
- schermo (5);
- asta millimetrata (6).

4 Contenuti teorici

Dopo aver esposto sinteticamente le caratteristiche principali della luce in quanto onda, puoi descrivere più in dettaglio gli effetti legati alle lenti sottili convergenti, dicendo che cos'è la distanza focale, come si formano le immagini a seconda della distanza dell'oggetto dalla lente, come si esprime in termini matematici la formula delle lenti sottili.

5 Descrizione della prova

Dopo aver disposto il materiale secondo le indicazioni della figura 1, una volta scelta rispetto alla lente la posizione dell'oggetto, che nel nostro caso è determinata dal diaframma riprodotto nel disegno (la freccia), spostiamo lo schermo avanti e indietro fino a quando individuiamo una posizione in cui l'immagine dell'oggetto che si forma su di esso risulta nitida o, come si dice normalmente, *a fuoco*.
A quel punto, ricorriamo alla nota formula delle lenti sottili:

$$\frac{1}{p}+\frac{1}{q}=\frac{1}{f}$$

al fine di determinare la distanza focale f a partire dalla misurazione della distanza p dell'oggetto (freccia) e della distanza q dell'immagine (schermo) dalla lente.

Vediamo che cosa è necessario fare.

a) Disponi su uno stesso asse con l'aiuto del banco ottico la sorgente di luce, il diaframma, la lente e, infine, lo schermo (fig. 1).

b) Misura tramite l'asta millimetrata collocata sulla guida (o con il ricorso a un'asta millimetrata esterna) la posizione, della lente (x_L), che rimarrà presumibilmente fissa durante l'esperimento:

$$x_L = (\ldots \pm \ldots)\ \text{cm}$$

c) Leggi la posizione del diaframma (x_p), riportando il suo valore nella colonna 1 della tabella 1:

$$x_p = (\ldots \pm \ldots)\ \text{cm}$$

d) Accendi il proiettore.

e) Sposta lo schermo lungo la guida fino a quando su di esso non vedi formarsi l'immagine nitida, a fuoco, dell'oggetto riprodotto nel diaframma.

f) Rileva la posizione dello schermo (x_q) per mezzo dell'asta millimetrata, trascrivendone il valore nella colonna 4 della tabella:

$$x_q = (\ldots \pm \ldots)\ \text{cm}$$

g) Modifica la posizione del diaframma e trascrivi il nuovo valore (x_p), inserendolo nella colonna 1.

h) Esegui nuovamente le istruzioni *e*) ed *f*).

i) Ripeti le misurazioni il numero di volte necessario.

L'esecuzione pratica della prova è terminata.

6 Raccolta dei dati

In tabella non abbiamo messo la posizione della lente (in quanto probabilmente non cambia), che per esempio potrebbe essere:

$$x_L = (65{,}0 \pm 0{,}1)\ \text{cm}$$

e nemmeno le incertezze $\Delta x(x_p)$ e $\Delta x(x_q)$, pari comunque all'errore di sensibilità dell'asta millimetrata (0,1 cm).

Tabella 1

1	2	3	4	5	6	7	8
x_p (cm)	$p = x_L - x_P$ (cm)	$\Delta x(p)$ (cm)	x_q (cm)	$q = x_q - x_L$ (cm)	$\Delta x(q)$ (cm)	f (cm)	$\Delta x(f)$ (cm)
15,0	50,0	0,2	97,8	32,8	0,2	19,8	0,3
...	...	...	...	...	...	...	...
...	...	...	...	...	...	...	...
...	...	...	...	...	...	...	...

7 Elaborazione

Per quanto riguarda la distanza dell'oggetto (freccia) e dell'immagine reale (schermo) dalla lente, trascritti rispettivamente nelle colonne 2 e 5, basta fare la differenza fra le varie posizioni:

$$p = x_L - x_p = 65{,}0 - 15{,}0 = 50{,}0 \text{ cm}$$
$$q = x_q - x_L = 97{,}8 - 65{,}0 = 32{,}8 \text{ cm}$$

(Le incertezze corrispondenti da mettere nelle colonne 3 e 6 le trovi nell'***help 1***.)
Dopodiché, per determinare la distanza focale, ci possiamo basare direttamente sulla formula:

$$f = \frac{p \cdot q}{p + q}$$

da cui:

$$f = \frac{50{,}0 \cdot 32{,}8}{50{,}0 + 32{,}8} = \frac{1640}{82{,}8} = 19{,}80676 \cong 19{,}8 \text{ cm}$$

(L'incertezza di f indicata nella colonna 8 della tabella 1 viene calcolata nell'***help 2***.)
I valori della distanza focale, trascritti in colonna 7, dovrebbero essere vicini fra loro. Elaborandoli come serie di misure, puoi determinarne il valore medio e l'errore massimo:

$$f_M = \frac{f_1 + f_2 + \ldots + f_n}{n} = \ldots \text{ cm} \qquad \Delta x(f) = \frac{f_{max} - f_{min}}{2} = \ldots \text{ cm}$$

La scrittura finale del risultato è perciò:

$$f = (\ldots \pm \ldots) \text{ cm}$$

8 Analisi dei risultati e conclusioni

Se sulla montatura della lente è indicata la distanza focale, puoi valutare l'attendibilità della prova da te effettuata in base al fatto che il valore fornito dal costruttore rientri dell'intervallo di indeterminazione individuato a conclusione dell'elaborazione dei dati. Altrimenti, dovrai semplicemente considerare l'entità della dispersione dei valori della f indicati nella penultima colonna della tabella: quanto più sono vicini fra loro, tanto più accurata è stata la misurazione.

help 1

Sia per p sia per q, basta fare la somma delle incertezze degli addendi:

$$\Delta x(p) = \Delta x(x_L) + \Delta x(x_p) = 0{,}1 + 0{,}1 = 0{,}2 \text{ cm}$$

help 2

Utilizzando le leggi di propagazione degli errori, per la distanza focale della lente si ha:

$$\Delta x(f) = \left[\frac{\Delta x(p)}{p} + \frac{\Delta x(q)}{q} + \frac{\Delta x(p+q)}{p+q}\right] \cdot f = \left[\frac{0{,}2}{50{,}0} + \frac{0{,}2}{32{,}8} + \frac{0{,}2 + 0{,}2}{50{,}0 + 32{,}8}\right] \cdot 19{,}80676 =$$
$$= 0{,}01493 \cdot 19{,}80676 = 0{,}29571 \cong 0{,}3 \text{ cm}$$